中国海洋大学教材出版基金资助

高等学校化学实验教材

高分子科学实验

主　编　张　玥
副主编　刘清芝　李　群　王林同
　　　　王慧敏　陈海燕

U0189632

中国海洋大学出版社
·青岛·

内容提要

本书是高分子化学、高分子物理和高分子材料成型加工等课程配套使用的实验教材。全书共分 48 个实验。第一章是基础实验，包括最基本的、最常用的聚合反应实验；聚合物的表征及性能分析实验；高分子材料成型加工实验，主要有塑料的注射成型、挤压成型、吹塑成型、模压成型等加工实验。第二章是综合实验，是对于学生综合运用知识能力的培养和考查。第三章是设计实验，重点培养学生的自主设计、动手、工程实践、创新和分析总结实践的能力。

本书可供理工科院校高分子各专业的高分子科学实验教材使用，也可供从事高分子材料研究、开发和应用的研究人员和工程技术人员参考使用。

图书在版编目(CIP)数据

高分子科学实验/张玥主编. —青岛：中国海洋大学出版社，2010.7

高等学校化学实验教材

ISBN 978-7-81125-432-7

Ⅰ.①高… Ⅱ.①张… Ⅲ.①高分子化学－化学实验－高等学校－教材 Ⅳ.①O63-33

中国版本图书馆 CIP 数据核字(2010)第 123943 号

出版发行	中国海洋大学出版社
社　　址	青岛市香港东路 23 号　　邮政编码　266071
网　　址	http://www.ouc-press.com
电子信箱	xianlimeng@gmail.com
订购电话	0532－82032573(传真)
责任编辑	孟显丽
印　　制	日照日报印务中心
版　　次	2010 年 9 月第 1 版
印　　次	2010 年 9 月第 1 次印刷
成品尺寸	170 mm×230 mm
印　　张	10.25
字　　数	184 千字
定　　价	19.80 元

前　言

高分子科学实验是高分子材料与工程专业本科生必修的实验内容,是培养学生动手能力和实践能力的一门主要课程,是专业基础课的理论与实践相结合的课程。同时,本教材也适合作为与高分子材料相关专业本科生和教师的参考实验用书。由于高分子学科基础理论知识是分别通过高分子化学、高分子物理、高聚物的成型加工、高聚物合成工艺学和聚合物性能与表征等课程的学习中逐一摄取的,每门课程都涉及实践教学环节,如果把每门课程的实验部分都看做课程内实验的话,很容易出现"为了做实验而做,但做一个忘一个"的现象,不利于培养学生综合解决和分析问题的能力。把高分子专业实验开设为独立的实验课程,不仅打破了高分子化学实验、高分子物理实验和高分子工程实验之间的界限,而且通过具体的实验操作启发了学生运用所学知识分析并解决实际问题的能力。

本书突出的特点是采用分层次设置实验教学内容,本书共 48 个实验。内容体现了高分子科学实验的三个层次,即基础实验、综合实验和设计实验。基础实验是每个学生必做的,是针对高分子专业基础课程的课堂教学设置的,主要是让学生通过实验加深对高分子专业基本概念的理解,巩固课堂教学效果。实验内容的安排注重高分子专业基本原理的理解和运用,以培养学生解决和分析实际问题的能力。我们一共开设了 38 个基础实验,与相应的课堂教学内容相匹配。综合实验是对学生综合运用知识能力的培养和考查。而设计实验首先需要学生根据已学过的基础知识进行思考,设计出可行的实验方案。当然,从基础实验、综合实验到设计实验,难度递增,学生的自主性增大。这样梯度式设置实验,层次分明,可因材施教,优才优育。

本书由中国海洋大学张玥主编第一章、第二章、第三章,中国海洋大学陈海燕参编了第二章,青岛农业大学刘清芝、潍坊学院王林同、泰山学院李群和烟台大学王慧敏参编了第三章。由于编者水平有限,经验不足,书中错误和疏漏之处在所难免,恳请读者批评指正。

编委会

2010 年 8 月

目　次

第一章　基础实验

实验一　乙酸乙烯酯溶液聚合

一、实验目的

1. 掌握乙酸乙烯酯溶液聚合方法和实验技巧。
2. 掌握溶液聚合的反应特点。

二、实验原理

溶液聚合是将单体和引发剂溶于适当的溶剂中,在溶液状态下进行的聚合反应。根据聚合产物是否溶于溶剂可分为均相溶液聚合和沉淀溶液聚合。

与本体聚合相比,溶液聚合体系黏度小,传质和传热容易,聚合反应温度容易控制,不易发生自动加速现象,而且由于高分子浓度低,不易发生向高分子的链转移反应,因而支化产物少,产物分子量分布范围较窄;缺点是单体被稀释,聚合反应速率慢,产物分子量较低,如果产物不能直接以溶液形式应用的话,还需增加溶剂分离与回收后处理工序,加之溶液聚合的设备庞大,利用率低,成本较高。所以,溶液聚合在工业上常用于合成可直接以溶液形式应用的聚合物产品,如胶黏剂、涂料、油墨等,而较少用于合成颗粒状或粉状产物。

聚乙酸乙烯酯是涂料、胶黏剂的重要品种之一,同时也是合成聚乙烯醇的聚合物前体。聚乙酸乙烯酯可由本体聚合、溶液聚合和乳液聚合等多种方法制备。通常涂料或胶黏剂用聚乙酸乙烯酯由乳液聚合合成,用于醇解合成聚乙烯醇的聚乙酸乙烯酯则由溶液聚合合成。能溶解乙酸乙烯酯的溶剂很多,如甲醇、苯、甲苯、丙酮、三氯乙烷、乙酸乙酯、乙醇等,由于溶液聚合合成的聚乙酸乙烯酯通常用来醇解合成聚乙烯醇,因此工业上通常采用甲醇作溶剂,这样制备的聚乙酸乙烯酯溶液不需要进行分离就可直接用于醇解反应。

三、试剂与仪器

试剂:乙酸乙烯酯(新蒸)50 mL;甲醇 30 mL;AIBN 0.21 g。

仪器:装有搅拌器、冷凝管、温度计的三颈瓶(250 mL)1 套;10 mL,20 mL,100 mL 量筒各 1 支;恒温水浴 1 套。

四、实验步骤

在装有搅拌器、冷凝管、温度计的 250 mL 三颈瓶(图 1-1)中,分别加入 50 mL 乙酸乙烯酯、10 mL 溶有 0.21 g AIBN 的甲醇,开动搅拌器,加热升温,将反应物逐步升温至 62℃±2℃,反应约 3 h[①],升温至 65℃±1℃,继续反应 0.5 h,冷却结束聚合反应。称取 2~3 g 产物在烘箱中烘干,计算固含量与单体转化率。用甲醇将剩余的产物稀释至 25%(PVAc 含量)留待实验二使用。

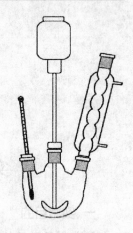

图 1-1　乙酸乙烯酯溶液聚合实验装置图

五、思考题

1. 说明溶液聚合的特点,并分析影响溶液聚合反应的因素。

2. 溶液聚合反应的溶剂应如何选择?本实验采用甲醇作溶剂是基于何种考虑?

实验二　聚乙烯醇的制备

一、实验目的

了解聚乙酸乙烯酯的醇解反应原理、特点及影响醇解程度的因素。

二、实验原理

由于不存在乙烯醇单体,因而聚乙烯醇(PVA)不能直接由单体聚合而成,而是由聚乙酸乙烯酯在酸或碱的作用下醇解而成。酸性醇解时,由于痕量的酸极难除去,能加速聚乙烯醇的脱水作用,使产物变黄或不溶于水。在碱催化下的醇解又可分为湿法(高碱)和干法(低碱)两种。湿法是指在原料聚乙酸乙烯酯甲醇溶液中含有 1%~2% 的水,碱催化剂也配成水溶液,特点是反应速度快,但副反应多,生产的乙酸钠多;干法是指聚乙酸乙烯酯甲醇溶液不含水,碱也溶在甲醇中,碱的用量少(只有湿法的 1/10),优点是克服了湿法的缺点,但反应速度慢。

---

① 反应过程中,当体系黏度太大,搅拌困难时,可分次补加甲醇,每次 5~10 mL。

$$\left(CH_2-CH\right)_n \xrightarrow[\text{干法}]{\text{NaOH, CH}_3\text{OH}} \left(CH_2-CH\right)_n + nCH_3COOCH_3$$
$$\quad\quad |$$
$$O-CCH_3 \quad\quad\quad\quad\quad\quad\quad\quad\quad OH$$
$$\quad\quad \|$$
$$\quad\quad O$$

$$\left(CH_2\cdot CH\right)_n \xrightarrow[\text{湿法}]{\text{NaOH, CH}_3\text{OH}} \left(CH_2\cdot CH\right)_n + nCH_3COONa$$
$$\quad\quad |$$
$$O-CCH_3 \quad\quad\quad\quad\quad\quad\quad\quad\quad OH$$
$$\quad\quad \|$$
$$\quad\quad O$$

从反应方程式中可以看出,醇解反应实际上是甲醇与 PVAc 进行的酯交换反应。这种使高聚物结构发生改变的化学反应叫做高分子化学反应。

三、试剂与仪器

试剂:25％聚乙酸乙烯酯溶液(实验制备)40 g;6％ NaOH 甲醇溶液 100 mL。

仪器:装有搅拌器、冷凝管、温度计、滴液漏斗的四颈瓶 1 套;恒温水浴 1 套;滴管若干支。

四、实验步骤

在装有搅拌器、冷凝管、温度计和滴液漏斗的四颈瓶(图 1-2)中加入 100 mL 6％ NaOH 甲醇溶液,在室温下缓慢滴加 25％的聚乙酸乙烯酯甲醇溶液 40 g,在 0.5 h 内滴完。继续在室温下搅拌反应 2 h 后停止,抽滤,沉淀用工业乙醇洗涤 3 次,于 50℃真空干燥获得产物,计算产率。

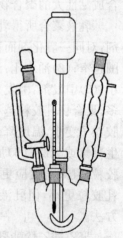

五、思考题

1. 实验中要控制哪些条件才能获得较高的醇解度?

2. 如果聚乙酸乙烯酯干燥不彻底,仍含有未反应的单体和水时,试分析在醇解过程中会发生什么现象?

图 1-2　聚乙烯醇的实验制备图

实验三　乙酸乙烯酯的乳液聚合

一、实验目的

1. 学习乳液聚合方法,制备聚乙酸乙烯酯乳液。

2. 了解乳液聚合机理及乳液聚合中各个组分的作用。

二、实验原理

乳液聚合是指将不溶或微溶于水的单体在强烈的机械搅拌及乳化剂的作用

下与水形成乳状液,在水溶性引发剂的引发下进行的聚合反应。

乳液聚合与悬浮聚合相似之处在于都是将油性单体分散在水中进行聚合反应,因而也具有导热容易、聚合反应温度易控制的优点,但与悬浮聚合有着显著的不同。在乳液聚合中,单体虽然以单体液滴和单体增溶胶束形式分散在水中,但由于采用的是水溶性引发剂,因而聚合反应不是发生在单体液滴内,而是发生在增溶胶束内形成 M/P(单体/聚合物)乳胶粒,每一个 M/P 乳胶粒仅含一个自由基,因而聚合反应速率主要取决于 M/P 乳胶粒的数目,亦即取决于乳化剂的浓度。由于胶束颗粒比悬浮聚合的单体液滴小得多,因而乳液聚合得到的聚合物粒子也比悬浮聚合的小得多。乳液聚合能在高聚合速率下获得高分子量的聚合产物,且聚合反应温度通常较低,特别是使用氧化还原引发体系时,聚合反应可在室温下进行。乳液聚合即使在聚合反应后期,体系黏度通常仍很低,可用于合成黏性大的聚合物,如橡胶等。

乳液聚合所得乳胶粒子粒径大小及其分布主要受以下因素的影响:(1)乳化剂:对同一乳化剂而言,乳化剂浓度越大,乳胶粒子的粒径越小,粒径大小分布范围越窄;(2)油水比:油水比一般为 1:(2～3),油水比越小,聚合物乳胶粒子越小;(3)引发剂:引发剂浓度越大,产生的自由基浓度越大,形成的 M/P 颗粒越多,聚合物乳胶粒越小,粒径分布越窄,但分子量越小;(4)温度:温度升高可使乳胶粒子变小,温度降低则使乳胶粒子变大,但都可能导致乳液体系不稳定而产生凝聚或絮凝;(5)加料方式:分批加料比一次性加料易获得较小的聚合物乳胶粒,且聚合反应更易控制,分批滴加单体比滴加单体的预乳液所得的聚合物乳胶粒更小,但乳液体系相对不稳定,不易控制,因此多用分批滴加预乳液的方法。

聚乙酸乙烯酯乳液别名为白乳胶,为乳白色、黏稠、浓厚的液体,具有优良的黏结能力,可在 5℃～40℃的温度范围内使用。具有良好的成膜性,且无毒、无臭、无腐蚀性,但耐水性差。本品主要用于木材、纸张、纺织等材料的黏结以及掺入水泥中提高强度,也用作聚乙酸乙烯酯乳胶涂料的原料。

三、试剂与仪器

试剂:乙酸乙烯酯 32 mL;蒸馏水 20 mL;10% 聚乙烯醇(1788)水溶液 30 mL;OP-10 0.8 mL;过硫酸钾(KPS)0.08～0.10 g;10% NaHCO$_3$ 溶液少量。

仪器:装有搅拌器、冷凝管、温度计的三颈瓶 1 套;恒温水浴 1 套;10 mL,50 mL,100 mL 量筒各 1 支;50 mL 烧杯 1 个;广泛 pH 试纸。

四、实验步骤

先在 50 mL 烧杯中将 KPS 溶于 8 mL 水中。另在装有搅拌器、冷凝管和温度计的三颈瓶中加入 30 mL 聚乙烯醇溶液、0.8 mL 乳化剂 OP-10、12 mL 蒸馏水、5 mL 乙酸乙烯酯和 2 mL KPS 水溶液，开动搅拌器，加热水浴，控制反应温度为 68℃～70℃，在 2 h 内由冷凝管上端用滴管分次滴加完剩余的单体和引发剂[①]，保持温度反应到无回流时，逐步将反应温度升到 90℃[②]，继续反应至无回流时撤去水浴，将反应混合物冷却至约 50℃，加入 10％的 NaHCO₃ 水溶液调节体系的 pH 值为 2～5，经充分搅拌后，冷却至室温，出料。观察乳液外观，称取约 4 g 乳液，放入 90℃烘箱干燥，称取残留的固体质量，计算固含量。

五、思考题

1.乳化剂主要有哪些类型？各自的结构特点是什么？乳化剂浓度对聚合反应速率和产物分子量有何影响？

2.要保持乳液体系的稳定，应采取什么措施？

实验四　甲基丙烯酸甲酯的本体聚合

一、实验目的

1.通过实验了解本体聚合的基本原理和特点，着重了解聚合温度对产品质量的影响。

2.掌握有机玻璃制造的操作技术。

二、实验原理

本体聚合是指单体本身在不加溶剂及其他分散介质的情况下由微量引发剂或光、热、辐射能等引发进行的聚合反应。由于聚合体系中的其他添加物少（除引发剂外，有时会加入少量必要的链转移剂、颜料、增塑剂、防老剂等），因而所得聚合产物纯度高，特别适合于制备一些对透明性和电性能要求高的产品。

本体聚合的体系组成和反应设备是最简单的，但聚合反应却是最难控制的，这是由于本体聚合不加分散介质，聚合反应到一定阶段后，体系黏度大，易产生自动加速现象，聚合反应热也难以导出，因而反应温度难控制，易局部过热，导致

---

① 单体和引发剂的滴加量视单体的回流情况和聚合反应温度而定。当反应温度上升较快、单体回流量小时，需及时补加适量单体，少加或不加引发剂；若温度偏低、单体回流量大时，则应及时补加适量引发剂，而少加或不加单体，保持聚合反应平稳地进行。

② 升温时，注意观察体系中单体回流情况，若回流量较大时，应暂停升温或缓慢升温，因单体回流量大时易在气液界面发生聚合，导致结块。

反应不均匀,使产物分子量分布范围变宽。这在一定程度上限制了本体聚合在工业上的应用。为克服以上缺点,常采用分阶段聚合法,即工业上常称的预聚合和后聚合。

除产物浓度高外,本体聚合的另一大优点是可进行浇铸聚合,即将预聚合产物浇入模具中进行后聚合,反应完成后即可获得成品。通常聚合物比相应单体的密度大,因而在聚合过程中会发生体积收缩,因此在进行浇铸聚合时应注意控制预聚合的单体转化率,而且在后聚合过程中,若温度控制不好,易导致收缩不均匀,使聚合物的光折射率不均匀以及产生局部皱纹,影响产品质量。

三、试剂与仪器

试剂:甲基丙烯酸甲酯(MMA)20 mL;过氧化二苯甲酰(BPO)约 20 mg。

仪器:50 mL 锥形瓶 1 个;恒温水浴 1 套;试管夹 1 个;试管 1 支。

四、实验步骤

1. 预聚合。在 50 mL 锥形瓶中加入 20 mL MMA 及单体质量为 0.1% 的 BPO,瓶口用胶塞盖上[①],用试管夹夹住瓶颈在 85℃～90℃ 的水浴中不断摇动,进行预聚合约 0.5 h,注意观察体系的黏度变化,当体系黏度变大,但仍能顺利流动时,结束预聚合。

2. 浇铸灌模。将以上制备的预聚合产物小心地分别灌入预先干燥的试管中[②],浇灌时注意防止锥形瓶外水珠滴入。

3. 后聚合。将灌好预聚合产物的试管口塞上棉花团,放入 45℃～50℃ 的水浴中反应约 20 h,注意控制温度不能太高,否则易使产物内部产生气泡。然后再升温至 100℃～105℃,反应 2～3 h,使单体转化完全,完成聚合。

4. 取出所得有机玻璃棒,观察其透明性,是否有气泡。

五、思考题

进行本体浇铸聚合时,如果预聚合阶段单体转化率偏低会产生什么后果?为什么要严格控制不同阶段的反应温度?

---

① 胶塞必须用聚四氟乙烯膜或铝箔包裹,以防止在聚合过程中 MMA 蒸气将胶塞中的添加物(如防老剂等)溶出,影响聚合反应;塞子只需轻轻盖上,不要塞紧,以防因温度升高时,塞子爆冲。

② 浇铸时,可预先在试管中放入干花等装饰物,这样在聚合完成后可把产品做成小饰物,但加入的装饰物一定要干燥以防产生气泡。

实验五 甲基丙烯酸甲酯的悬浮聚合

一、实验目的

1. 了解悬浮聚合的配方及各组分的作用。

2. 了解不同类型悬浮剂的分散机理、搅拌速度、搅拌器形状对悬浮聚合物粒径等的影响,并观察单体在聚合过程中的演变。

二、实验原理

悬浮聚合是将溶有引发剂的单体在强烈搅拌和分散剂的作用下,以液滴状悬浮在水中而进行的聚合反应。悬浮聚合的体系组成主要包括水难溶性的单体、油溶性引发剂、水和分散剂四个基本成分。聚合反应在单体液滴中进行,从单个的单体液滴来看,其组成及聚合机理与本体聚合相同,因此又常称为小珠本体聚合。若所生成的聚合物溶于单体,则得到的产物通常为透明、圆滑的小圆珠;若所生成的聚合物不溶于单体,则通常得到的是不透明、不规整的小粒子。

悬浮聚合反应的优点是由于有水作为分散介质,因而导热容易,聚合反应易控制。单体小液滴在聚合反应后转变为固体小珠,产物易分离处理,不需要额外的造粒工艺。缺点是聚合物包含的少量分散剂难以除去,可能影响到聚合物的透明性、老化性能等。此外,聚合反应用水的后处理也是必须考虑的问题。

悬浮聚合控制的关键包括良好的搅拌、合适的分散剂类型和用量、适宜的油水比等,最终获得大小均匀的珠粒。

三、试剂与仪器

试剂:甲基丙烯酸甲酯(MMA)10 mL;过氧化苯甲酰(BPO)0.07 g;蒸馏水60 mL;1%聚乙烯醇水溶液 2 mL。

仪器:装有搅拌器、冷凝管、温度计的三颈瓶 1 套;恒温水浴 1 套;10 mL,100 mL 量筒各 1 支;抽滤装置 1 套。

四、实验步骤

在装有搅拌器、冷凝管、温度计的三颈瓶中,依次加入 2 mL 1%的聚乙烯醇水溶液、40 mL 水,搅拌加热(注意温度不要超过 70℃),加入预先已溶解引发剂的甲基丙烯酸甲酯 10 mL,再用剩余的 20 mL 水分两次洗涤盛单体的容器,并倒入三颈瓶内,加料完毕后升温至 70℃,小心调节搅拌速度,观察单体液滴大小,调至合适液滴大小后,保持搅拌速度恒定,将反应温度升至 78℃±2℃,反应约 1.5 h,用滴管吸取少量珠状物,冷却后观察是否变硬。若变硬,可减慢或停止搅拌,若珠状物全部沉积,可在缓慢搅拌下升温至 85℃继续反应 1 h,以使单体反应完全。停止,将产物抽滤,聚合物珠粒用水反复洗涤几次后,置于表面皿中自然风干,观察聚合物珠粒形状,称量,计算产率。

五、思考题

1. 悬浮聚合反应中影响分子量及分子量分布的主要因素是什么?

2. 在悬浮聚合反应中期易出现珠粒黏结,这是什么原因引起的? 应如何避免?

实验六 己二酰氯与己二胺的界面缩聚

一、实验目的

1. 学习以己二胺与己二酰氯进行界面缩聚反应生成尼龙-66 的方法。

2. 了解缩聚反应的原理。

二、实验原理

界面缩聚是将两种单体分别溶于两种互不相溶的溶剂中,再将这两种溶液倒在一起,在两液相的界面上进行缩聚反应,聚合产物不溶于溶剂,在界面析出。

界面缩聚具有以下特点:(1)界面缩聚是一种不平衡缩聚反应,小分子副产物可被溶剂中某一物质所消耗吸收;(2)界面缩聚反应速率受单体扩散速率控制;(3)单体为高反应性,聚合物在界面迅速生成,其分子量与总的反应程度无关;(4)对单体纯度与功能基等摩尔比要求不严;(5)反应温度低,可避免因高温而导致的副反应,有利于高熔点耐热聚合物的合成。

己二酰氯与己二胺反应生成聚己二酰己二胺。反应实施时,将己二酰氯溶于有机溶剂如 CCl_4,己二胺溶于水,且在水相中加入 NaOH 来消除聚合反应生成的小分子副产物 HCl。将两相混合后,聚合反应迅速在界面进行,所生成的聚合物在界面析出成膜,把生成的聚合物膜不断拉出,单体不断向界面扩散,聚合反应在界面持续进行。

三、试剂与仪器

试剂:己二酰氯 1.35 g;己二胺 0.77 g;CCl_4 100 mL;NaOH 0.53 g;1% HCl 水溶液 200 mL。

仪器:带塞锥形瓶(250 mL)1 个;烧杯(250 mL)2 个;烧杯(100 mL)2 个;玻璃棒 1 支;镊子 1 把。

四、实验步骤

于干燥的 250 mL 锥形瓶中称取 1.35 g 己二酰氯,加入 100 mL 无水 CCl_4,

盖上塞子,摇荡使己二酰氯尽量溶解配成有机相。另取两个 100 mL 烧杯分别称取新蒸的己二胺 0.77 g 和 NaOH 0.53 g,共用 100 mL 水将其分别溶解后倒入 250 mL 烧杯中混合均匀,配成水相。

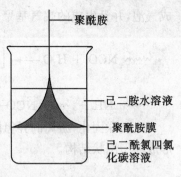

将有机相倒入干燥的 250 mL 烧杯中,然后用一玻棒紧贴烧杯壁并插到有机相底部,沿玻璃棒小心地将水相倒入,马上就可在界面观察到聚合物膜的生成。用镊子将膜小心提起,并缠绕在

图 1-3 界面实验示意图

一玻璃棒上,转动玻璃棒,将持续生成的聚合物膜卷绕在玻璃棒上。所得聚合物放入盛有 200 mL 1‰ HCl 水溶液中浸泡后,用水充分洗涤至中性,最后用蒸馏水洗,压实除去水分剪碎,置真空干燥箱中于 80℃真空干燥,计算产率。

五、思考题

1. 为什么在水相中需加入两倍量的 NaOH? 若不加,将会发生什么反应? 对聚合反应有何影响?

2. 二酰氯可与双酚类单体进行界面缩聚合成聚酯,但却不能与二醇类单体进行界面缩聚,为什么?

实验七 软质聚氨酯泡沫塑料的制备

一、实验目的

了解泡沫塑料的制备方法。

二、实验原理

聚氨酯泡沫塑料具有结构稳定的多孔结构,热容量小,导热系数低,吸音防震,耐热耐油,具有一定的强度,在建材、家具及包装等方面具有广泛的应用。

聚氨酯泡沫塑料的合成可分为三个阶段:

1. 预聚体的合成,由二异氰酸酯单体与端羟基聚醚或聚酯反应生成含异氰酸酯端基的聚氨酯预聚体。

$$OCN-R-NCO+HO\sim\sim\sim OH\longrightarrow$$

$$OCN-R-NH-\overset{O}{\underset{\parallel}{C}}-O\sim\sim\sim O-\overset{O}{\underset{\parallel}{C}}-NH-R-NCO$$

2. 气泡的形成与扩链,在预聚体中加入适量的水,异氰酸酯端基与水反应生成的氨基甲酸不稳定,分解生成端氨基与 CO_2,放出的 CO_2 气体在聚合物中形成气泡,并且生成的端氨基聚合物可与聚氨酯预聚体进一步发生扩链反应。

$$\sim\!\!\sim\!\text{NCO} + H_2O \longrightarrow [\sim\!\!\sim\!\text{NH}-\overset{\overset{\displaystyle O}{\|}}{C}-\text{OH}] \longrightarrow \sim\!\!\sim\!\text{NH}_2 + CO_2\uparrow$$

$$\sim\!\!\sim\!\text{NH}_2 + \sim\!\!\sim\!\text{NCO} \xrightarrow{\text{扩链}} \sim\!\!\sim\!\text{NH}-\overset{\overset{\displaystyle O}{\|}}{C}-\text{NH}\sim\!\!\sim$$

3. 交联固化,游离的异氰酸酯基与脲基上的活泼氢反应,使分子链发生交联形成体型网状结构。

$$
\begin{array}{c}
\xi \\
\text{NH} \\
| \\
\text{CO} \\
| \\
\text{NH} + \text{OCN}-\text{R}-\text{NCO} + \text{NH} + \text{OCN}-\text{R}-\text{NCO} + \cdots \longrightarrow \\
| \\
\text{P} \\
\xi
\end{array}
$$

聚氨酯泡沫塑料的软硬取决于所用的羟基聚醚或聚酯,使用较高分子量及相应较低羟值的线型聚醚或聚酯时,得到的产物交联度较低,为软质泡沫塑料;若用短链或支链的多羟基聚醚或聚酯,所得聚氨酯的交联密度高,为硬质泡沫塑料。

三、试剂与仪器

试剂:三羟基聚醚(分子量为 2 000～4 000)35 g;甲苯二异氰酸酯 10 g;二氮杂双环[2,2,2]辛烷(DABCO)(或三乙醇胺)0.1 g;二月桂酸二丁基锡 0.1 g;硅油 0.1～0.2 g;水 0.2 g;烧杯 50 mL、玻棒、纸盒(100 mm×100 mm×50 mm)。

四、实验步骤

在一 25 mL 烧杯(1#)中将 0.1 g(约 3 滴)DABCO(或三乙醇胺)溶解在 0.2 g(约 5 滴)水和 10 g 三羟基聚醚中,在另一 50 mL 烧杯(2#)中依次加入 25 g 三羟基聚醚、10 g 甲苯二异氰酸酯和 0.1 g(约 3 滴)二月桂酸二丁基锡,搅拌均匀,可观察到有反应热放出。然后在 1# 烧杯中加入 0.1～0.2 g(约 10 滴)硅油,搅拌均匀后倒入 2# 烧杯,搅拌均匀,当反应混合物变稠后,将其倒入纸盒中,在室温下放置 0.5 h,放入约 70℃的烘箱中加热 0.5 h,即可得到一块白色的软质聚氨酯泡沫塑料。

五、思考题

聚氨酯泡沫塑料的软硬由哪些因素决定？如何保证均匀的泡孔结构？

实验八　酸法酚醛树脂的制备

一、实验目的

1. 了解反应物的配比和反应条件对酚醛树脂结构的影响。
2. 掌握合成线型酚醛树脂的方法。
3. 掌握线型酚醛树脂的固化原理及方法。

二、实验原理

酚醛树脂塑料是第一个商品化的人工合成聚合物,具有高强度、尺寸稳定性好、抗冲击、抗蠕变、抗溶剂和耐湿气性能良好等优点。大多数酚醛树脂都需要加填料增强,通用级酚醛树脂常用黏土、矿物质粉、木粉和短纤维来增强,工程级酚醛则要用玻璃纤维、石墨及聚四氟乙烯来增强,使用温度可达 150℃～170℃。酚醛聚合物可作为黏合剂,应用于胶合板、纤维板和砂轮,还可作为涂料,如酚醛清漆。含有酚醛树脂的复合材料可以用于航空飞行器,它还可以做成开关、插座及机壳等。

线型酚醛树脂是甲醛和苯酚以 (0.75～0.85)：1 的物理的量比聚合得到的,常以草酸或硫酸作催化剂,加热回流 2～4 h,聚合反应就可完成。催化剂的用量为每 100 份苯酚加 1～2 份草酸或不足 1 份的硫酸。由于加入甲醛的量少,只能生成低分子量线型聚合物。反应混合物在高温脱水。冷却后粉碎得到产品。反应方程式如下:

混入 5%～15% 的六亚甲基四胺作为固化剂,加入 2% 左右的氧化镁或氧化钙作为促进剂,加热即迅速发生交联形成网状体形结构,最终转变为不溶不熔的热固性塑料。

三、试剂与仪器

试剂:苯酚 39 g;甲醛水溶液(37%)27.6 g;草酸 0.6 g;六亚甲基四胺 0.5

g;蒸馏水。

　　仪器:装有机械搅拌器、回流冷凝管、温度计的三颈瓶 1 套;恒温水浴 1 套;减压蒸馏装置 1 套;研钵 1 个。

四、实验步骤

(一)线性酚醛树脂的制备

　　向装有机械搅拌器、回流冷凝管和温度计的三颈瓶中加入 39 g 苯酚、27.6 g 37%甲醛水溶液、5 mL 蒸馏水(如果使用的甲醛溶液浓度偏低,可按比例减少水的加入量)和 0.6 g 二水合草酸。水浴加热并开动搅拌器,反应混合物回流 1.5 h。加入 90 mL 蒸馏水,搅拌均匀后,冷却至室温,分离出水层。

　　实验装置改为减压蒸馏装置,剩余部分逐渐升温至 150℃,同时减压至真空度为 66.7～133.3 kPa,保持 1 h 左右,除去残留的水分,此时样品一经冷却即成固体。在产物保持可流动状态下,将其从烧瓶中倾出,得到无色脆性固体。

(二)线性酚醛树脂的固化

　　取 10 g 酚醛树脂,加入六亚甲基四胺 0.5 g,在研钵中研磨混合均匀,进行固化反应。将粉末放入小烧杯中,小心加热使其熔融,观察混合物的流动性变化。

五、思考题

　　1.线型酚醛树脂和甲阶酚醛树脂在结构上有什么差异?

　　2.反应结束后,加入 90 mL 蒸馏水的目的是什么?

实验九　甲基丙烯酸丁酯的原子转移自由基聚合

一、实验目的

　　1.了解甲基丙烯酸丁酯进行原子转移自由基聚合的实验方法。

　　2.了解自由基聚合实现可控聚合的思路和影响因素。

二、实验原理

　　自由基聚合占有非常重要的工业地位,相对于离子聚合,自由基聚合具有很多优点,如自由基聚合对单体的选择性低,绝大多数烯类单体均可进行自由基聚合;聚合方法多样化,本体、溶液、悬浮、乳液聚合方法均适用;反应条件温和,聚合温度一般为室温至 150℃;对水和空气等不敏感;引发手段多样化,可采用光引发、热引发、引发剂引发等。因此,如果能实现自由基聚合的活性聚合具有十分重要的意义。自由基实现活性聚合的难点在于自由基活性高,自由基活性种之间易发生偶合或歧化终止反应,还易发生链转移反应。因此,增长链难以持续保持活性,所得聚合物的相对分子量不易控制,相对分子量分布也较宽。

20 世纪 90 年代,活性自由基聚合成为高分子科学研究的一个热点,科学家通过多种方法实现了自由基聚合的"可控活性"聚合,其中原子转移自由基聚合(ATRP)是研究最为活跃的一种可控自由基聚合。ATRP 的反应机理如下:

链引发:

$$R—X + Cu^+(bpy) \Longleftrightarrow R\cdot + XCu^{2+}X(bpy)$$

$$k_i \downarrow M$$

$$R—M—X + Cu^+(bpy) \Longleftrightarrow R—M\cdot + XCu^{2+}X(bpy)$$

链增长:

$$\sim\sim P_n—X + Cu^+X(bpy) \underset{k_a}{\overset{k_d}{\Longleftrightarrow}} \sim\sim P_n\cdot + XCu^{2+}X(bpy)$$
$$\overset{+M}{\underset{k_p}{\curvearrowright}}$$

在链引发反应中,首先低价态的过渡金属从引发剂有机卤化物分子 RX 上夺取一个卤原子生成高价态的过渡金属化合物,同时生成初级自由基 R·,R·可以与单体加成反应,形成单体自由基 RM·,完成链引发反应。随后 RM·可以与单体继续加成进行链增长,而更大的反应几率是与高价态的过渡金属化合物反应得到较稳定的卤化物 RMX,过渡金属化合物由高价态还原为低价态。增长反应过程同引发反应过程相像,所不同的只是卤化物由小分子的有机卤化物分子变成大分子卤代烷 RMX(休眠种)。

需要注意的是在上面的反应式中,自由基的活化和失活是可逆平衡反应,并趋于休眠种方向,即自由基的失活速率远大于卤代烷(休眠种)的活化速率,因此体系中自由基的浓度很低,自由基之间的双基终止得到有效的控制。而且,通过选择合适的聚合体系组成(引发剂/过渡金属卤化物/配位剂/单体),可以使引发反应速率大于或至少等于链增长速率。同时,活化-失活可逆平衡的交换速率远大于链增长速率。这样就保证了所有增长链同时进行引发,并且同时进行增长,使 ATRP 显示活性聚合的基本特征:聚合物的相对分子量与单体转化率成正比,相对分子量的实测值与理论值基本吻合,相对分子量分布较窄;第一单体聚合完成后,加入第二种单体,可继续进行反应生成嵌段共聚物。

三、试剂与仪器

（一）主要试剂及用量

表 1-1　主要试剂及用量

试剂	作用	规格	用量
甲基丙烯酸丁酯	单体	精制	20 g
α-溴代异丁酸乙酯	引发剂	商购,直接使用	0.274 7 g

（续表）

试剂	作用	规格	用量
溴化亚铜	催化剂	精制	0.202 0 g
五甲基化二乙基三胺	配位剂	商购,直接使用	0.244 1 g
环己酮	溶剂	二次减压蒸馏	20 g
甲醇	沉淀剂	分析纯	—

（二）仪器

磁力搅拌器 1 套,加热控温油浴 1 套,真空系统 1 套,100 mL 聚合瓶 1 个,400 mL 烧杯 1 个,10 mL,30 mL 注射器各 1 支,高纯氩气,止血钳若干,医用厚壁乳胶管。

四、实验步骤

1. 向溶剂环己酮和单体甲基丙烯酸丁酯中通入高纯氩气 30 min 进行除氧（氧是自由基聚合的阻聚剂）。

2. 聚合反应装置如图 1-4 所示,在聚合瓶中加入磁力搅拌子、溴化亚铜 0.202 0 g(1.4 mmol)、五甲基化二乙基三胺 0.244 1 g(1.4 mmol),连接在抽排装置上。体系抽真空、充氩气反复进行三次。

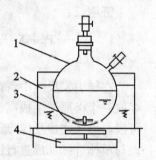

1—聚合瓶；2—加热油浴；3—磁力搅拌子；4—磁力搅拌器

图 1-4 原子转移自由基聚合反应装置图

3. 称取引发剂 0.274 7 g,单体 20 g,环己酮 20 g,混匀,加入到聚合瓶中。聚合瓶置于冷冻盐水中,15 min 后将聚合体系抽真空、充氩气反复进行三次。

4. 聚合瓶置于 110℃ 油浴中进行聚合。约 10 h 结束聚合,将聚合液倒入已预先称量的 400 mL 烧杯(m_1)中,并称量(m_2),并加入大量的甲醇,沉淀。静置后将上清液倒掉,置于真空烘箱中(40℃～50℃)干燥至恒重(m_3),计算转化率。

实验十 甲基丙烯酸甲酯与苯乙烯悬浮共聚合

一、实验目的

1. 了解悬浮共聚合的反应机理及配方中各组分的作用。

2. 了解无机悬浮剂的制备及其作用。

3. 了解悬浮共聚合实验操作及聚合工艺上的特点。

二、实验原理

甲基丙烯酸甲酯和苯乙烯均不溶于水,单体靠机械搅拌形成的分散体系是不稳定的分散体系。为了使单体液滴在水中保持稳定,避免黏结,需在反应体系中加入悬浮剂,通过实验证明采用磷酸钙乳浊液作悬浮剂效果较好,磷酸三钠与过量的氯化钙在碱性条件下发生化学反应生成磷酸钙。磷酸钙难溶于水,聚集成极微小的颗粒,可在水中悬浮相当长的时间而不沉降,这种悬浮液呈牛奶状,在搅拌情况下能使某些体系的单体小液滴分散在体系中而不聚集,这是由于单体(油相)和介质(水相)对磷酸钙的润湿程度的不同,所以磷酸钙起到悬浮剂的作用。悬浮剂浓度增加可提高稳定性,实践证明磷酸钙加入量为单体总质量的0.7%左右为宜。

甲基丙烯酸甲酯和苯乙烯通过悬浮共聚得到聚甲基丙烯酸甲酯-苯乙烯无规共聚物,该共聚物俗称 372 有机玻璃模塑粉,有机玻璃模塑粉是以甲基丙烯酸甲酯为主单体与少量苯乙烯共聚合的无规共聚物,其相对分子质量要达到 13 万～15 万才能加工成具有一定物理机械性能的产品,其结构可表示为

$$\text{\textasciitilde\textasciitilde CH}_2-\underset{\underset{\text{COOCH}_3}{|}}{\overset{\overset{\text{CH}_3}{|}}{C}}\!\!\left[\!\!\text{CH}_2-\underset{\underset{\text{COOCH}_3}{|}}{\overset{\overset{\text{CH}_3}{|}}{C}}\!\!\right]_{\!\!n}\!\!\text{CH}_2-\underset{\underset{\bigcirc}{|}}{CH}\text{\textasciitilde\textasciitilde}$$

即在以甲基丙烯酸甲酯结构单元为主链的分子链中掺杂有一个或少数几个苯乙烯结构单元,在共聚反应中,因参加反应的单体是两种(或两种以上),由于单体的相对活性不同,它们参与反应的机会也就不同,共聚物组成 $d[M_1]/d[M_2]$ 与原料组成 $[M_1]/[M_2]$ 之间的关系为

$$\frac{d[M_1]}{d[M_2]}=\frac{[M_1]}{[M_2]}\cdot\frac{r_1[M_1]+[M_2]}{[M_1]+r_2[M_1]}$$

式中,$d[M_1]/d[M_2]$ 为共聚物组成中两种结构单元的摩尔比;$[M_1]/[M_2]$ 为原料组成中两种单体的摩尔比;r_1,r_2 分别为均聚和共聚链增长速率常数之比,表征两单体的相对活性,称作竞聚率。

三、试剂与仪器

试剂:苯乙烯,甲基丙烯酸甲酯,过氧化二苯甲酰,硬脂酸,去离子水,氯化钙,磷酸三钠,氢氧化钠。

仪器:250 mL 三颈瓶,250 mL 四颈瓶,电动搅拌器,恒温水浴,冷凝管,温度计,吸管,抽滤装置。

四、实验步骤

(一)悬浮剂的制备

1. $CaCl_2$溶液的配制:称取 6 g 氯化钙,放入 250 mL 三颈瓶中,加入去离子水 165 mL,搅拌,使之溶解,得无色透明水溶液,备用。

2. Na_3PO_4 和 NaOH 溶液的配制:按配方称取 6 g 磷酸三钠,0.8 g 氢氧化钠放入 400 mL 烧杯中,加入去离子水 165 mL,搅拌,使之溶解,得无色透明溶液,备用。

3. 将三颈瓶中氯化钙溶液在水浴上加热溶解至水浴沸腾,另将盛有磷酸三钠、氢氧化钠水溶液的烧杯放于热水浴中,在搅拌下用滴管将此溶液连续滴加至三颈瓶中,用 20~30 min 加完,然后在沸腾的水浴中保温 0.5 h,停止反应,反应后的悬浮剂呈乳白色混浊液,用滴管取 20 滴(或 1 mL)悬浮剂放入干净试管中,加入 10 mL 去离子水,摇匀,放置 0.5 h,如无沉淀,即为合格,备用。制得的悬浮剂要在 8 h 内使用,如有沉淀,即不能再用,需另行制备。

(二)甲基丙烯酸甲酯与苯乙烯共聚合反应

1. 在 250 mL 的四颈瓶上,装上密封搅拌器、真空系统,加入 50 mL 去离子水、22 mL 悬浮剂后抽真空至 86 659.3 Pa(650 mmHg)。

2. 分别称取 4 g 甲基丙烯酸甲酯和 6 g 苯乙烯,混合均匀,加入 0.7 g 硬脂酸和 0.35 g 引发剂使其溶解,然后加入四颈瓶中(加料时尽量避免空气进入)。

3. 升温,控制加热速度,使体系的温度快速升至 75℃,然后以 1℃/min 的升温速度升至 80℃,并保温 1 h,再以 5℃/min 的升温速度升至 90℃,待真空度升至最高点而下降时,表示反应即将结束。为了使单体完全转化为聚合物,应继续升温至 110℃~115℃,并保温 1 h,聚合反应完毕。

(三)聚合物后处理

反应后所得物料为有机玻璃模塑粉悬浮液,其需经酸洗、水洗、过滤、干燥等处理过程。

1. 酸洗。反应所得物料为碱性,且含有悬浮剂磷酸钙需除去,方法是加入 2 mL 化学纯盐酸。

2. 水洗、过滤。水洗的目的是除去产物中的 Cl^-,方法是先用自来水洗 4~5 次,再用去离子水洗两次(每次用量 50 mL 左右),用 $AgNO_3$ 溶液检验有无 Cl^- 存在(如无白色沉淀即可),采用抽滤过滤使粉料与水分开。

3. 干燥。将白色粉状聚合物放入搪瓷盘中,置于 100℃的烘箱中烘干。

五、思考题

1. 以有机玻璃模塑粉为例,讨论自由基共聚合的反应历程。

2.以聚乙烯醇和磷酸钙为例,讨论高分子悬浮剂与无机悬浮剂的悬浮作用机理。

3.聚合反应过程中,为什么要严格控制反应温度,否则会产生什么后果?

实验十一 聚乙烯醇缩甲醛的制备

一、实验目的

1.进一步了解高分子化学反应的原理。

2.本实验将通过聚乙烯醇(PVA)的缩醛化制备胶水,了解 PVA 缩醛化的反应原理。

二、实验原理

早在 1931 年,人们就已经研制出聚乙烯醇(PVA)的纤维,但因其水溶性而无法实际应用。利用"缩醛化"减少其水溶性,就使得 PVA 有了较大的实际应用价值。用甲醛进行缩醛化反应得到聚乙烯醇缩醛 PVF。随缩醛化程度不同,性质和用途有所不同。控制缩醛在 35% 左右,就得到人们称为"维纶"(vinylon)的纤维。维纶的强度是棉花的 1.5～2.0 倍,吸湿性为 5%,接近天然纤维,又称为"合成棉花"。

在 PVF 分子中,如果控制其缩醛度在较低水平,由于 PVF 分子中含有羟基、乙酰基和醛基,因此有较强的黏结性能,可作胶水使用,用来黏结金属、木材、皮革、玻璃、陶瓷、橡胶等。

聚乙烯醇缩甲醛是利用聚乙烯醇与甲醛在盐酸催化的作用下而制得的。

$$\sim CH_2CHCH_2CH \xrightarrow{HCl} \sim CH_2CHCH_2—CH \sim + H_2O$$

高分子链上的羟基未必能全部进行缩醛化反应,会有一部分羟基残留下来。本实验是合成水溶性聚乙烯醇缩甲醛胶水,反应过程中需控制较低的缩醛度,使产物保持水溶性。如若反应过于猛烈,则会造成局部高缩醛度,导致不溶性物质存在于胶水中,影响胶水质量。因此,在反应过程中,要严格控制催化剂用量、反应温度、反应时间及反应物比例等。

三、试剂与仪器

试剂:聚乙烯醇 1799(PVA)17 g;甲醛溶液(36%)3 mL;去离子水 90 mL;盐酸(1:4,$V=V$);NaOH(8%)。

仪器:装有搅拌器、冷凝管、温度计的三颈瓶 1 套;恒温水浴 1 套;10 mL、

100 mL 量筒各 1 个；广泛 pH 试纸。

四、实验步骤

在装有冷凝管、温度计与搅拌器的 250 mL 三颈瓶中加入 90 mL 去离子水和 17 g PVA，在搅拌下升温溶解。升温到 90℃，待 PVA 全部溶解后，降温至 85℃左右加入 3 mL 甲醛搅拌 15 min，滴加 1 : 4 的盐酸溶液，控制反应体系 pH 值为 1～3，保持反应温度 90℃左右。继续搅拌，反应体系逐渐变稠。当体系中出现气泡或有絮状物产生时，立即迅速加入 1.5 mL 8％的 NaOH 溶液，调节 pH 值为 8～9，冷却、出料，所获得无色透明黏稠液体即为胶水。

五、思考题

1. 为什么缩醛度增加，水溶性会下降？
2. 缩醛化反应能否达到 100％？为什么？

实验十二　苯乙烯与马来酸酐的交替共聚合

一、实验目的

了解交替共聚合的反应机理及实验操作。

二、实验原理

带强推电子取代基的乙烯基单体与带强吸电子取代基的乙烯基单体组成的单体对进行共聚合反应时容易得到交替共聚物。关于其聚合反应机理目前有两种理论："过渡态极性效应理论"和"电子转移复合物均聚理论"。

"过渡态极性效应理论"认为在反应过程中，链自由基和单体加成后形成因共振作用而稳定的过渡态。以苯乙烯/马来酸酐共聚合为例，因极性效应，苯乙烯自由基更易与马来酸酐单体形成稳定的共振过渡态，因而优先与马来酸酐进行交叉链增长反应；反之，马来酸酐自由基则优先与苯乙烯单体加成，结果得到交替共聚物。

共振过渡态

"电子转移复合物均聚理论"则认为两种不同极性的单体先形成电子转移复合物,该复合物再进行均聚反应得到交替共聚物,这种聚合方式不再是典型的自由基聚合。

$$\text{ww}(DA)_n\overset{+}{D}\cdots\overset{-}{A} + \overset{+}{D}\cdots\overset{-}{A} \longrightarrow \text{ww}(DA)_{n+1}\overset{+}{D}\cdots\overset{-}{A}$$

其中,D 为带推电子取代基单体,A 为带吸电子取代基单体。

当这样的单体对在自由基引发下进行共聚合反应时:(1)当单体的组成比为1∶1时,聚合反应速率最大;(2)不管单体组成比如何,总是得到交替共聚物;(3)加入 Lewis 酸可增强单体的吸电子性,从而提高聚合反应速率;(4)链转移剂的加入对聚合产物分子量的影响甚微。

三、试剂与仪器

试剂:甲苯 75 mL;苯乙烯 2.9 mL;马来酸酐 2.5 g;AIBN 0.005 g。

仪器:装有搅拌器、冷凝管、温度计的三颈瓶 1 套;恒温水浴 1 套;抽滤装置1 套。

四、实验步骤

在装有冷凝管、温度计与搅拌器的三颈瓶中分别加入 75 mL 甲苯、2.9 mL新蒸苯乙烯、2.5 g 马来酸酐及 0.005 g AIBN,将反应混合物在室温下搅拌至反应物全部溶解成透明溶液,保持搅拌,将反应混合物加热升温至 85℃~90℃,可观察到有苯乙烯-马来酸酐共聚物沉淀生成,反应 1 h 后停止加热,反应混合物冷却至室温后抽滤,所得白色粉末在 60℃下真空干燥后,称量,计算产率。

五、思考题

试推断以下单体对进行自由基共聚合时,何者容易得到交替共聚物? 为什么?

(1)丙烯酰胺/丙烯腈;(2)乙烯/丙烯酸甲酯;(3)三氟氯乙烯/乙基乙烯基醚

实验十三 聚苯胺制备及电化学性能测试

一、实验目的

1.掌握用电化学法(循环伏安法)制备聚苯胺的方法;

2.了解苯胺电化学聚合机理,并能通过伏安曲线了解聚合过程;

3.学习使用电化学工作站,掌握循环伏安测试原理及方法。

二、实验原理

(一)循环伏安法

如图 1-5 所示,循环伏安法是在电极上施加一个线性扫描电压(图 1-5 左图),同时测量反馈电流值的方法。扫描过程以一定的扫描速率,从某一起始电位出发,当到达某设定的终止电位后,再反向回扫至某设定的起始电位,完成一个循环过程。

进行正向扫描时($E_i → a → b$)若溶液中存在氧化态 Ox,电极上将发生还原反应:

$$Ox + ne^- = Red$$

反向回扫时($b → c → d$),电极上的还原态 Red 将发生氧化反应:

$$Red = Ox + ne^-$$

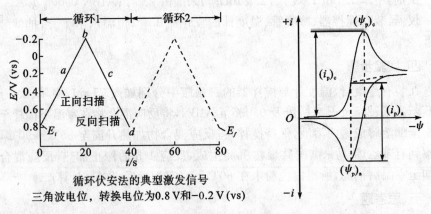

循环伏安法的典型激发信号

三角波电位,转换电位为0.8 V和−0.2 V (vs)

图 1-5 循环伏安法示意图

循环伏安图如图 1-5 右图所示:

(1)峰电流可表示为 $i_p = 6.25 × 10^5 × n^{3/2} A v^{1/2} D^{1/2} c$,其中,$i_p$ 为峰电流;n 为电子转移数;D 为扩散系数;v 为电压扫描速度;A 为电极面积;c 为被测物质浓度。

(2)从循环伏安图可获得氧化峰电流$(i_p)_a$与还原峰电流$(i_p)_c$,氧化峰电位$(\psi_p)_a$与还原峰电位$(\psi_p)_c$。对于可逆体系,氧化峰电流$(i_p)_a$与还原峰电流$(i_p)_c$绝对值的比值$(i_p)_a/(i_p)_c = 1$。

氧化峰电位$(\psi_p)_a$与还原峰电位差$(\psi_p)_c$:$\Delta\psi = (\psi_p)_a - (\psi_p)_c = 2.2RT/nf \approx 0.058/n(V)$。

条件电位 $\psi_{\theta'}$:$\psi_{\theta'} = ((\psi_p)_a + (\psi_p)_c)/2$。

(二)苯胺电化学聚合原理

电化学聚合是指应用电化学方法在阴极上或阳极上进行的聚合反应,也称为电化学沉积,其过程包含电化学步骤,可简称为电聚合。与普通的聚合反应相同,电化学聚合反应根据链增长的历程,也可分为电化学缩合聚合反应和电化学加成聚合反应两大类,分别简称为电缩聚反应和电加聚反应。当然也可根据电化学的习惯,按照聚合反应在阴极上或阳极上发生而分为阴极聚合反应和阳极聚合反应两大类,或分别称为还原聚合反应和氧化聚合反应。电聚合的方法为聚合反应提供了新的可控制因素:电流或电位以及电极材料,可合成出用普通化学聚合方法不能得到的高聚物。电化学聚合反应机理很复杂,而且各种单体进行电化学聚合的机理有很大的差异。

一般来说,聚合反应中受到电极激发产生的阳离子自由基有三条反应渠道:其一,通过偶合反应生成导电聚合物;其二,生成的阳离子自由基通过扩散过程离开电极进入溶液;其三,阳离子自由基与溶液或电解质发生反应生成副产物。

苯胺的电聚合是通过偶合反应完成的,可以归结为几个步骤,用下面的反应式表示:

$$\begin{array}{ll} \text{图式} & (1) \end{array}$$

$$\begin{array}{ll} \text{图式} & (2) \end{array}$$

$$\begin{array}{ll} \text{图式} & (3) \end{array}$$

其中(1)是单体在阳极上形成阳离子自由基,(2)是阳离子自由基相互偶合,生成二聚体,(3)是聚合物分子链的增长过程。

三、试剂与仪器

试剂:硫酸、苯胺、蒸馏水。

仪器:电化学分析系统;铂电极、$Ag/AgCl$ 电极、玻碳电极、电解池、容量瓶。

四、实验步骤

1. 电极预处理,将玻炭电极和铂电极用 Al_2O_3 抛光,再用蒸馏水和丙酮洗净,干燥备用。

2. 配溶液:含 $0.1\ mol \cdot L^{-1}$ 苯胺的 $0.5\ mol \cdot L^{-1}$ 硫酸溶液,$0.5\ mol \cdot L^{-1}$ 硫酸溶液。

3. 通氮气除去溶液中的氧气。

4. 按照图1-6连接导线,开启电化学测试系统,设

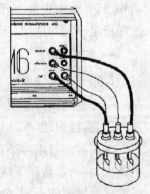

图1-6 电化学聚合
实验装置图

定参数,进行聚合。

五、数据处理

1.将实验数据列成表格。

2.以电流密度为纵坐标,电极电位(相对于参比电极)为横坐标,绘出聚合曲线及性能测试曲线。

3.讨论所得实验结果及曲线的意义,指出各氧化还原峰的含义。

六、注意事项

1.按照实验要求,严格进行电极处理。

2.聚合过程中保持溶液静止。

七、思考题

1.为什么要通氮除去溶液中氧气?

2.电极之间的距离是否会影响实验结果?为什么?

3.通过本实验的学习,请利用循环伏安法(或其他电化学方法)设计进行其他实验。

实验十四 洛氏硬度的测定

硬度表示材料抵抗硬物体压入其表面的能力,它是材料的重要机械性能指标之一。一般情况下,硬度越高,耐磨性越好。常用的硬度指标有布氏硬度、洛氏硬度和维氏硬度。HSRD-45 型电动表面洛氏硬度计博采引进新产品之技术精华,具有结构先进、示值精度高、操作方便、人为误差小、效率高之特点,是一种性能稳定、可靠、适用、新型的材料硬度实验机。

一、实验目的

1.熟悉洛氏硬度计的使用。

2.了解硬度测试的意义。

二、实验原理

洛氏硬度是用一个顶角 120° 的金刚石圆锥体或直径为 1.58 mm、3.18 mm 的钢球,在一定载荷下压入被测材料表面,由压痕的深度求出材料的硬度。根据试验材料硬度的不同,分三种不同的标度来表示:

HRA 是采用 60 kg 载荷和金刚石锥压入器求得的硬度,用于硬度极高的材料(如硬质合金等)。

HRB 是采用 100 kg 载荷和直径 1.58 mm 淬硬的钢球求得的硬度,用于硬度较低的材料(如退火钢、铸铁等)。

HRC 是采用 150 kg 载荷和金刚石锥压入器求得的硬度,用于硬度很高的材料(如淬火钢等)。

HSRD-45 型电动表面洛氏硬度计各标尺所对应的压头、实验力及应用举例,见表 1-2,其标尺的硬度范围见表 1-3。

表 1-2　HSRD-45 型洛氏硬度计标尺所对应的压头、实验力及应用举例

标尺	压头	初实验力/N	总实验力/N	应用举例
15 N	金刚石圆锥压头		147.1	氮化钢、各种薄钢板渗
30 N	120°,顶端球面半	29.42	294.2	碳钢、刀子和其他零件
45 N	径为 0.2 mm		441.3	边缘部分和表面部分
15 T			147.1	软钢、黄铜、青铜、铝合
30 T	钢球直径为 1.58 mm	29.42	294.2	金等薄板
45 T			441.3	

表 1-3　HSRD-45 型洛氏硬度计标尺的硬度范围

硬度值符号	硬度范围	硬度值符号	硬度范围
HR15N	70～94	HR15T	62～94
HR30N	42～86	HR30T	15～82
HR45N	20～78	HR45T	8～76

HSRD-45 型洛氏硬度计由机身部件、主轴部件、杠杆部件、加卸实验力机构、实验力变换机、实验台升降装置、开关板部分组成,主要规格及技术参数如下:

1. 初实验力——29.42 N。

2. 总实验力——147.1,294.2,441.3 N。

3. 压头规格——金刚石圆锥压头;锥角为 120°,顶尖球面半径为 0.2 mm;钢球压头,钢球直径为 1.58 mm。

4. 试件最大高度——150 mm。

5. 压头中心至机壁距离——120 mm。

6. 硬度计外形尺寸(长×宽×高):500 mm×240 mm×700 mm。

7. 硬度计净重——约 68 kg。

三、实验步骤

1. 准备实验：为了获得压头、升降丝杠、工作台及其他部件的理想功能，在确定试件硬度的常规实验之前，必须进行至少两次预备实验。预备实验的过程与常规实验过程完全一致。

2. 试件：由于表面洛氏硬度是根据压痕深度确定的，因此必须给以极大的注意以保持表面深度的真实性。原则上讲，测量面与支撑面应平行。试件的支撑面必须与测量面一样经过精加工。如果支撑面不平，由于实验力的作用，试件就可能变形，从而使测量值产生误差。

3. 国际标准化组织建议，试件厚度应为压痕深度的 10 倍或 10 倍以上。

4. 进行表面洛氏硬度实验时，两相邻压痕中心及压痕中心至试件边缘的距离不应小于 2 mm。

5. 试件的测量面原则上必须是平的，并且是水平状态。如果测量面为曲面（或者圆柱面），其所测量的硬度值将低于实际硬度值。

6. 主实验力保持时间及施加主实验力速度的调整：本硬度计的主实验力保持时间是由拨码开关进行调整的，主实验力的保持时间一般为 10 s。在实验过程中，加完主实验力大指针从基本停止逆时针转动到重新顺时针转动的时间即为主实验力保持时间。主实验力施加速度以压入时间表示。可以通过调整缓冲油缸上油阀，以达到施加主实验力时间 3～4 s。

7. 将试件擦净放在实验台上，观察示值专用表的小指针，仔细地转动升降受轮以使试件顶起压头施加初实验力。小指针将按逆时针方向转动，当小指针指向黑粗线大指针顺时针转动约 4 圈指向"0"±5HRN（HRT）范围内时，立即停止转动升降手轮。

8. 旋转调零手把，调整示值专用表表盘的位置，使大指针准确地指向"0"位置。

9. 按压启动板，指示灯熄灭，电机开始转动施加主实验力，实验力保持时间结束之后，自动卸除主实验力，电机停止转动，指示灯燃亮。此时，应迅速读取大指针所指示的表面洛氏硬度值。

四、思考题

1. 实验环境对测试结果有何影响？为什么？

2. 硬度实验中为何对操作时间要求严格？

实验十五　光学显微镜观察聚合物的球晶形态

一、实验目的

1. 了解偏光显微镜的基本结构和原理。
2. 掌握偏光显微镜的使用方法和目镜分度尺的标定方法。
3. 用偏光显微镜观察球晶的形态,估算聚丙烯试样球晶的大小。

二、实验原理

球晶是高聚物结晶的一种最常见的形态。当结晶性的高聚物从熔体冷却结晶时,在不存在应力或流动的情况下,都倾向于生成球晶。

球晶的生长过程如图 1-7 所示。球晶的生长以晶核为中心,从初级晶核生长的片晶,在结晶缺陷点发生分叉,形成新的片晶,它们在生长时发生弯曲和扭转,并进一步分叉形成新的片晶,如此反复,最终形成以晶核为中心、三维向外发散的球形晶体。实验证实,球晶中分子链垂直球晶的半径方向。

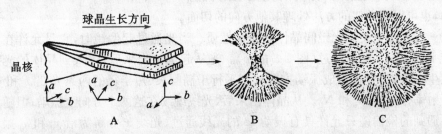

A. 晶片的排列与分子链的取向(其中 a、b、c 轴表示单位晶胞在各方向上的取向)

B. 球晶生长　C. 长成的球晶

图 1-7　聚乙烯球晶生长的取向

用偏光显微镜观察球晶的结构是根据聚合物球晶具有双折射性和对称性。当一束光线进入各向同性的均匀介质中,光速不随传播方向而改变,因此各方向都具有相同的折射率。而对于各向异性的晶体来说,其光学性质是随方向而异的。当光线通过它时,就会分解为振动平面互相垂直的两束光,它们的传播速度除光轴外,一般是不相等的,于是就产生两条折射率不同的光线,这种现象称为双折射。晶体的一切光学性质都和双折射有关。

偏光显微镜是研究晶体形态的有效工具之一,许多重要的晶体光学研究都是在偏光镜的正交场下进行的,即起偏镜与检偏镜的振动平面相互垂直。在正交偏光镜间可以观察到球晶的形态、大小、数目及光性符号等。

当高聚物处于熔融状态时，呈现光学各向同性，入射光自起偏镜通过熔体时，只有一束与起偏镜振动方向相同的光波，故不能通过与起偏镜成 90°角的检偏镜，显微镜的视野为暗场。高聚物自熔体冷却结晶后，成为光学各向异性体，当结晶体的振动方向与上下偏光镜振动方向不一致时，视野明亮，就可以观察到晶体。

图 1-8 画出了一轴晶一个平行于它的光轴 Z 的切面。这类晶体有最大和最小两个主折射率值。假设光波振动方向平行于 Z 轴时，相应的折射率为最大主折射率；垂直于 Z 轴时，相应的折射率为最小主折射率，并分别用 N_g 和 N_p 表示。那么，当入射光振动方向与 Z 轴斜交时，折射率递变于 N_g 和 N_p 之间。不难理解，在这个晶体切面上我们可以用长、短半径分别为 N_g 和 N_p 的一个椭圆（图 1-8）来表示在该切面上各个方向的光振动的折射率，也可以用类似的方法处理其他方向的切面。

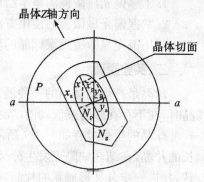

图 1-8　晶体切面图

看置于正交偏光镜间晶体的光学性质。当光通过起偏镜时，它只允许在一定平面内振动的光通过（图 1-8 的 p）。光从起偏镜出来后，进入到晶体的光线发生双折射，分解形成振动方向分别平行于椭圆长、短半径的两条光线 x 和 y，折射率分别为 N_g 和 N_p。从晶体出来后，光线继续在这两个方向上振动；但随后要遇到的检偏镜只允许具有振动 aa 的光线通过，光线 x 分解为沿 x_a 和 x_p 振动的两条光，光线 y 也分解为沿 y_a 和 y_p 振动的两条光，x_a 和 y_p 为检偏镜所消光，而 x_a 和 y_p 通过检偏镜能发生相互干涉。因为合成光的强度与合成光振幅的平方成正比：

$$I = A^2 \sin^2 2\alpha \sin^2 \frac{\delta}{2}$$

式中，A 为入射光的振幅，α 是晶片内振动方向与起偏镜方向的夹角，转动载物台可以改变 α，当 $\alpha = \pi/4, 3\pi/4, 5\pi/4, 7\pi/4, \cdots$ 时，光的强度最大，视野最亮。如果晶体切面内的两振动方向与上下偏光镜的振动方向成 45°，即 $\alpha = 45°$，此时晶体的亮度最大。当 $\alpha = 0, \pi/2, \pi, 3\pi/2, \cdots$ 时，$I = 0$，视野全黑。如果晶体切面内的振动方向与起偏镜（或检偏镜）的振动方向平行时，即 $\alpha = 0$，则晶体全黑，当晶体的轴和起偏镜的振动方向一致时，也出现全黑现象。在正交偏光镜下，晶体切面上的光的振动方向将产生消光或近于消光，它们互相正交而构成黑十字，即 Maltese 干涉图，如图 1-9，图 1-10 所示。

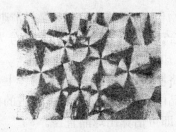

图 1-9　全同立构聚苯乙烯球晶的　　图 1-10　聚乙烯球晶的偏光显微镜照片
　　　　偏光显微镜照片

　　用偏光显微镜观察聚合物球晶,在一定条件下,球晶呈现出更加复杂的环状图案,即在特征的黑十字消光图像上还重叠着明暗相间的消光同心圆环。这可能是晶片周期性扭转产生的,如图 1-11 所示。

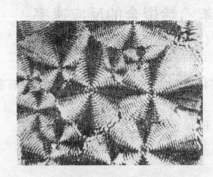

图 1-11　带消光同心圆环的聚乙烯
　　　　球晶偏光显微镜照片

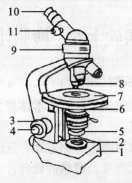

1.仪器底座;2.视场光阑(内照明灯泡);3.粗动调焦手轮;4.微动调焦手轮;5.起偏器;6.聚光镜;7.旋转工作台(载物台);8.物镜;9.检偏器;10.目镜;11.勃氏镜调节手轮

图 1-12　偏光显微镜示意图

三、试剂与仪器

　　偏光显微镜(图 1-12 所示);熔融装置;结晶装置;镊子;载玻片;盖玻片;聚丙烯。

四、实验步骤

　　1.将一载玻片放在 260℃的电炉上,在盖玻片上放一小粒聚丙烯样品,待样品熔融,盖上另一盖玻片,压成薄膜。再熔融 1 min,迅速转移至 120℃的结晶炉内结晶 1 h 待用。

　　2.选择合适的放大倍数的目镜和物镜,目镜需带有分度尺,把载物台显微尺放在载物台上,调节焦距至显微尺清晰可见,调节载物台使目镜分度尺与显微尺基线重合。显微尺长 1.00 mm,等分为 100 格,观察显微尺 1 mm 占分度尺几十格,即可知分度尺 1 格为多少毫米。

3.将制备好的样品放在载物台上,在正交偏振条件下观察球晶形态,读出相邻两球晶中心连线在分度尺上所占的格数,将格数乘以毫米·格$^{-1}$(已经过显微尺标定)即可估算出球晶直径。

五、数据处理

画出用偏光显微镜所观察到的球晶形态示意图。

六、思考题

1.结晶温度对球晶尺寸有何影响?

2.用偏光显微镜观察聚合物球晶形态的原理是什么?

实验十六　膨胀计法测定苯乙烯聚合的反应速率

一、实验目的

1.通过测定苯乙烯本体聚合过程中转化率的变化,对聚合反应动力学有初步的认识。

2.掌握膨胀计测定聚合反应速率的原理和方法。

3.学会实验数据的处理。

二、实验原理

聚合反应中不同的聚合体系与聚合条件具有不同的聚合反应速率。聚合反应速率的测定对于工业生产和理论研究有着重要意义。

膨胀计法测定苯乙烯本体聚合反应速率的原理是利用单体与聚合物的密度不同。单体密度小,聚合物密度大,故在聚合反应过程中随着聚合物的生成,体系的体积会不断收缩。这是因为单体形成聚合物后分子间的距离减小。若取一定体积的单体进行聚合,则在聚合过程中随着转化率的增加反应体系的体积发生变化,这样就可换算出单体形成聚合物的转化率,绘出转化率-时间关系曲线,从聚合反应速率与转化率-时间曲线的关系即可求出聚合反应速率。

在聚合反应的整个过程中,聚合速率是不断变化的。聚合速率的变化通常可根据转化率(c)-聚合时间(t)曲线来观察和计算。

$$转化率(c) = \frac{[M]_0 - [M]_t}{[M]_0} \times 100\%$$

式中,$[M]_0$ 为起始单体浓度,mol·L^{-1};$[M]_t$ 为聚合时间为 t 时的单体浓度,

$mol \cdot L^{-1}$。

而聚合反应速率(R_p)与转化率(c)-聚合时间(t)曲线的斜率有如下的关系：

$$\frac{dc}{dt} = \frac{d\frac{[M]_0-[M]_t}{[M]_0}}{dt} = \frac{1}{[M]_0} \cdot \frac{d[M]}{dt}$$

即

$$\frac{dc}{dt} = \frac{1}{[M]_0} \cdot R_p \quad (因为 R_p = \frac{d[M]}{dt})$$

故可按下式计算聚合反应速率：

$$R_p = [M]_0 \cdot \frac{dc}{dt}$$

式中，dc/dt 为转化率-聚合时间曲线的斜率。

膨胀计是装有毛细管的特殊聚合容器。它是由反应瓶与毛细管通过磨口连接而成的。将一定量的溶有引发剂的单体置于反应瓶中，装好毛细管后置于恒温水浴之中，随着聚合反应的进行，毛细管单体液面下降。聚合过程中体系体积的变化可直接从毛细管液面下降来读出。根据下式即可计算转化率：

$$转化率(c) = \frac{V_t}{V} \times 100\%$$

式中，V_t 为反应时间 t 时反应物体积收缩数，从膨胀计读出；V 为该容量下单体 100% 转化为聚合物时的体积收缩数。

V 可由下式计算：

$$V = V_M - V_P = V_M - V_M \cdot \frac{d_M}{d_P}$$

式中，d 为密度，$g \cdot mL^{-1}$；M，P 分别表示单体和聚合物。

本实验以过氧化二苯甲酰(BPO)引发苯乙烯聚合(66℃)。苯乙烯在 66℃ 聚合时的密度取 0.86 $g \cdot mL^{-1}$，聚苯乙烯的密度取 1.04 $g \cdot mL^{-1}$。

三、试剂与仪器

试剂：苯乙烯(新蒸馏)，过氧化二苯甲酰(重结晶)。

仪器：膨胀计，烧杯，恒温水浴，精密温度计，恒温控制仪，电动搅拌器，小滴管。

四、实验步骤

1. 将水浴温度调到 66℃±0.1℃。

2. 估算膨胀计反应瓶中装入的苯乙烯的质量：先用天平称量出空反应瓶的质量，然后加水至瓶口再称量，由瓶中水的质量求出瓶的体积；再根据苯乙烯的密度(0.907 $g \cdot mL^{-1}$)计算出同体积的苯乙烯的质量(g)。

3. 将膨胀计洗净并烘干。

4. 于洁净的 50 mL 烧杯中称取按步骤 2 估算的苯乙烯质量约 1.5 倍的苯乙烯,另用锡纸准确称取单体质量 1% 的 BPO,小心倒入烧杯中,轻轻摇荡,使其成为均匀的溶液。

5. 在膨胀计毛细管磨口上沿,小心涂上一薄层活塞油,与反应瓶接好,用小弹簧夹固定,然后将膨胀计挂在天平上称量,得 m_1。

6. 取下毛细管,将上述配好的苯乙烯溶液用滴管加到反应瓶中,直到瓶的颈部,小心插好毛细管,使多余的苯乙烯升入毛细管中(反应瓶中不能有气泡)。若有苯乙烯溢出瓶外,则用滤纸将溢出的苯乙烯溶液擦干,再称量得 m_2。加入膨胀计反应瓶中苯乙烯的质量则为 $m = m_2 - m_1$。

7. 将膨胀计放入恒温水浴中使其尽量垂直,使反应物液面全部浸入恒温水中,固定好膨胀计。液面升到最高时记录高度 h_0,以后每分钟记录一次液面高度。当液面下降时,记录高度和时间 t_0,1 h 后结束读数。

8. 取出膨胀计,将反应液回收。将膨胀计用苯浸泡一段时间后洗净,置于烘箱中干燥备用。

五、数据处理

画出苯乙烯本体聚合反应转化率(c)-聚合时间(t)曲线,计算苯乙烯本体聚合的聚合反应速率。求此聚合反应的总聚合速率常数。

六、思考题

1. 本实验测定聚合反应速率的原理是什么?

2. 为什么玻璃膨胀计只使用于低转化率下的聚合反应速率的测定?

3. 分析诱导期产生的原因?

4. 本实验要特别注意哪些实验操作,它们可能对实验精确度带来哪些影响?

实验十七　黏度法测定聚合物的黏均分子量

线型聚合物溶液的基本特性之一,是黏度比较大,并且其黏度值与分子量有关,因此可利用这一特性测定聚合物的分子量。黏度法尽管是一种相对的方法,但因其仪器设备简单,操作方便,分子量适用范围大,又有相当好的实验精确度,所以成为人们最常用的实验技术,在生产和科研中得到广泛的应用。

一、实验目的

掌握黏度法测定聚合物分子量的原理及实验技术。

二、基本原理

聚合物溶液与小分子溶液不同,甚至在极稀的情况下,仍具有较大的黏度。

黏度是分子运动时内摩擦力的量度,因溶液浓度增加,分子间相互作用力增加,运动时阻力就增大。表示聚合物溶液黏度和浓度关系的经验公式很多,最常用的是哈金斯(Huggins)公式:

$$\frac{\eta_{sp}}{c}=[\eta]+k'[\eta]^2c \tag{1}$$

在给定的体系中 k' 是一个常数,它表征溶液中高分子间和高分子与溶剂分子间的相互作用。

另一个常用的式子是

$$\frac{\ln\eta_r}{c}=[\eta]-\beta[\eta]^2c \tag{2}$$

式(1)和(2)中, k 与 β 均为常数,其中 k 称为哈金斯参数。对于柔性链聚合物良溶剂体系, $k=1/3$, $k+\beta=1/2$。如果溶剂变劣, k 变大;如果聚合物有支化,随支化度增高而 k 值显著增加。从式(1)和式(2)看出,如果用 $\frac{\eta_{sp}}{c}$ 或 $\frac{\ln\eta_r}{c}$ 对 c 作图并外推到 $c\to0$(即无限稀释),两条直线会在纵坐标上交于一点,其共同截距即为特性黏度 $[\eta]$,如图1-13所示。

$$\lim_{c\to0}\frac{\eta_{sp}}{c}=\lim_{c\to0}\frac{\ln\eta_r}{c}=[\eta] \tag{3}$$

通常式(1)和式(2)只是在了 $\eta_r=1.2\sim2.0$ 范围为直线关系。当溶液浓度太高或分子量太大均得不到直线,如图1-14所示。此时只能降低浓度再做一次。

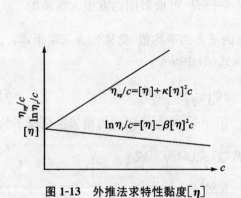

图 1-13　外推法求特性黏度 $[\eta]$

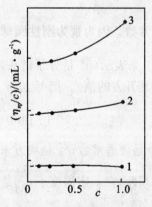

图 1-14　同一聚合物-溶剂体系,不同

分子量的试样 $\frac{\eta_{sp}}{c}$ — c 关系(1<2<3)

特性黏度$[\eta]$的大小受下列因素影响:(1)分子量:线型或轻度交联的聚合物分子量增大,$[\eta]$增大。(2)分子形状:分子量相同时,支化分子的形状趋于球形,$[\eta]$较线型分子的小。(3)溶剂特性:聚合物在良溶剂中,大分子较伸展,$[\eta]$较大,而在不良溶剂中,大分子较卷曲,$[\eta]$较小。(4)温度:在良溶剂中,温度升高,对$[\eta]$影响不大,而在不良溶剂中,若温度升高使溶剂变为良好,则$[\eta]$增大。

当聚合物的化学组成、溶剂、温度确定以后,$[\eta]$值只与聚合物的分子量有关。常用两参数的马克-豪温(Mark-Houwink)经验公式表示:

$$[\eta]=KM^a \tag{4}$$

式中,K、α需经绝对分子量测定方法修订后才可使用。对于大多数聚合物来说,α值一般为0.5~1.0,在良溶剂中α值较大,接近0.8。溶剂能力减弱时,α值降低。在θ溶液中,$\alpha=0.5$。

这个经验公式已由大量的实验结果验证,许多人想从理论上来解释黏度与分子量大小的关系。他们假定了两种极端的情况,第一种情况是认为溶液内的聚合物分子线团卷得很紧,在流动时线团内的溶剂分子随着高分子一起流动,包含在线团内的溶剂就像是聚合物分子的组成部分,可以近似地看做实心圆球,由于在稀溶液内线团与线团之间相距较远,可以认为这些球之间近似无相互作用。根据悬浮体理论,实心圆球粒子在溶液中的特性黏度公式是

$$[\eta]=2.5\times\frac{V}{m} \tag{5}$$

设含有溶剂的线团的半径为R,质量m为$\frac{M}{N}$,其中M是分子量,N是阿佛加德罗常数。因为视为刚性圆球,故$V=\frac{4}{3}\pi R^3$可近似用均方根末端距的三次方$(\overline{h_0^2})^{\frac{3}{2}}$来表示($\overline{h_0^2}$是分子链头尾距离的平方的平均值,简称均方末端距,均方根就是其开方的值)。把V与m值代入式(5)中得

$$[\eta]=\Phi\frac{(\overline{h_0^2})^{\frac{3}{2}}}{M}=\Phi\left(\frac{\overline{h_0^2}}{M}\right)^{\frac{3}{2}}\cdot M^{\frac{1}{2}} \tag{6}$$

式中,Φ是普适常数;$\overline{h_0^2}$是均方末端距。由于$\overline{h_0^2}$是在线团卷得很紧的情况下的均方末端距,在一定温度下,$\frac{\overline{h_0^2}}{M}$是一个常数,式(6)可写成

$$[\eta]=KM^{\frac{1}{2}} \tag{7}$$

这说明在线团卷得很紧的情况下,聚合物溶液的特性黏度与分子量的平方根成正比。第二种情况是假定线团是松懈的,在流动时线团内溶剂是自由的。实际上,这第二种假设较真实反映大多数聚合物溶液的情况。因为聚合物分子

链在流动时,分子链段与溶剂间不断互换位置,而且由于溶剂化作用分子链扩张,使得聚合物分子在溶液中不像实心圆球,而更像一个卷曲珠链(图 1-15)。这种假定称为珠链模型。当珠链很疏松时,溶剂可以自由从珠链的空隙中流过。这种情况下可以推导出

$$[\eta]=KM \qquad (8)$$

图 1-15 高分子链的珠链模型

上述两种情况都是极端的情况,即当线团很紧时 $[\eta]\propto M^{\frac{1}{2}}$,当线团很松时 $[\eta]\propto M$。这说明聚合物溶液的特性黏度与分子量的关系要视聚合物分子在溶液里的形态而定。聚合物分子在溶液里的形态是分子链段间和分子与溶剂间相互作用的反映。一般说,聚合物溶液体系是处于两极端情况之间的,即分子链不很紧,也不很松,这种情况下就得到较常用的式(4)。测定条件如使用的温度、溶剂、分子量范围都相同时,K 和 α 是两个常数,其数值可以从有关手册中或本书附录中查到。

由以上的讨论可见,高分子链的伸展或卷曲与溶剂、温度有关,用扩张因子表示高分子的卷曲形态:

$$x=\left(\frac{\overline{h^2}}{h_\theta^2}\right)^{\frac{1}{2}}$$

高分子的 θ 溶液有许多特性:第二维利系数 $A_2=0$;扩张因子 $x=1$;特性黏度 $[\eta]_\theta$ 最小;$[\eta]_\theta=K_\theta M^{\frac{1}{2}}$ 由于 $K_\theta=\varphi\left(\frac{\overline{h_\theta^2}}{M}\right)^{\frac{3}{2}}$,所以 $[\eta]_\theta=\varphi\dfrac{(\overline{h_\theta^2})^{\frac{3}{2}}}{M}$,可得

$$(\overline{h_\theta^2})^{\frac{1}{2}}=\left\{\frac{[\eta]_\theta M}{\varphi}\right\}^{\frac{1}{3}}$$

其中,Flory 常数 $\varphi=2.86\times10^{23}(\text{mol}^{-1})$,因此

$$(\overline{h_\theta^2})^{\frac{1}{2}}=1.518\{[\eta]_\theta M\}^{\frac{1}{3}}(\text{Å})$$

$$(\overline{S_\theta^2})^{\frac{1}{2}}=\left(\frac{1}{6}\overline{h_\theta^2}\right)^{\frac{1}{2}}=0.620\{[\eta]_\theta M\}^{\frac{1}{3}}(\text{Å})$$

所以,用已知分子量的高聚物在 θ 溶液中测定特性黏度 $[\eta]_\theta$,就可以计算高分子链的无扰尺寸。

三、试剂与仪器

试剂:聚苯乙烯样品;环己烷。

仪器:乌氏黏度计 1 支;计时用的停表 1 块;25 mL 容量瓶 2 个;分析天平 1 台;恒温槽装置 1 套(玻璃缸、电动搅拌器、调压器、加热器、继电器、接点温度计 1 支,50℃十分之一刻度的温度计 1 支等);3# 玻璃砂芯漏斗 1 个;加压过滤器 1

套;50 mL 针筒 1 个。

四、实验步骤

(一)装配恒温槽及调节温度

温度的控制对实验的准确性有很大影响,要求准确到±0.05℃。水槽温度调节到35℃±0.05℃。为有效地控制温度,应尽量将搅拌器、加热器放在一起,而黏度计要放在较远的地方。

(二)聚合物溶液的配制

用黏度法测聚合物分子量,选择高分子-溶剂体系时,常数 K、α 值必须是已知的,而且所用溶剂应该具有稳定、易得、易于纯化、挥发性小、毒性小等特点。为控制测定过程中 η_r 在 $1.2\sim2.0$,浓度一般为 $0.001\sim0.01$ g·mL^{-1}。于测定前数天,用 25 mL 容量瓶把试样溶解好。

(三)溶液的配制

把配制好的溶液用干燥的 3$^{\#}$ 玻璃砂芯漏斗加压过滤到 25 mL 容量瓶中。

(四)溶液流出时间的测定

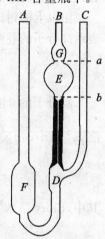

图 1-16 黏度计

把预先经严格洗净,检查过的洁净黏度计的 B、C 管,分别套上清洁的医用胶管,垂直夹持于恒温槽中,然后用移液管吸取 10 mL 溶液自 A 管注入,恒温 15 min 后,用一只手捏住 C 管上的胶管,用针筒从 B 管把液体缓慢地抽至 G 球,停止抽气,把连接 B、C 管的胶管同时放开,让空气进入 D 球,B 管溶液就会慢慢下降,至弯月面降到刻度 a 时,按停表开始计时,弯月面到刻度 b 时,再按停表,记下流经 a、b 间的时间 t_1,如此重复,取流出时间相差不超过 0.2 s 的连续 3 次的平均值。但有时相邻两次之差虽不超过 0.2 s,但连续所得的数据是递增或递减(表明溶液体系未达到平衡状态),这时应认为所得的数据不可靠,可能是温度不恒定,或浓度不均匀,应继续测。

(五)稀释法测一系列溶液的流出时间

液柱高度与 A 管内液面的高低无关,因流出时间与 A 管内试液的体积没有关系,可以直接在黏度计内对溶液进行一系列的稀释。用移液管加入溶剂 5 mL,此时黏度计中溶液的浓度为起始浓度的 2/3。加溶剂后,必须用针筒鼓泡并抽上 G 球三次,使其浓度均匀,抽的时候一定要慢,不能有气泡抽上去,待温度恒定才进行测定。同样方法依次再加入溶剂 5 mL,10 mL,15 mL,使溶液浓度变为起始浓度的 1/2,1/3,1/4。分别进行测定。

(六)纯溶剂的流经时间测定

倒出全部溶液,用溶剂洗涤数遍,黏度计的毛细管要用针筒抽洗。洗净后加入溶剂，按步骤（五）测定溶剂的流出时间，记作 t_0。

（七）注意事项

1. 手持黏度计时，小心用拇指、食指和中指夹住 A 管上端，切勿用力紧握支管 C，以免支管 C 从接头处断裂。

2. 夹持黏度计时，夹头只能夹 A 管。

五、数据处理

1. 记录数据：实验恒温温度 _____；纯溶剂 _____；纯溶剂密度 ρ_0 _____；溶剂流出时间 t_0 _____；试样名称 _____；试样浓度 c_0 _____；查阅聚合物手册，聚合物在该溶剂中的 K、α 值 _____、_____。

把溶剂的加入量、测定的流出时间列成表格：

序号		1	2	3	4	5
溶剂体积/mL						
$c_i/(g \cdot mL^{-1})$						
t/s	1					
	2					
	3					
平均 $\bar{t}/s$						
$\eta_r = \dfrac{\bar{t}}{t_0}$						
$\ln\eta_r$						
$(\ln\eta_r/c)/(mL \cdot g^{-1})$						
η_{sp}						
$(\eta_{sp}/c)/(mL \cdot g^{-1})$						

2. 用 $\dfrac{\eta_{sp}}{c}-c$ 及 $\dfrac{\ln\eta_r}{c}-c$ 作图外推至 $c \rightarrow 0$ 求 $[\eta]$。

用浓度 c 为横坐标，$\dfrac{\eta_{sp}}{c}$ 和 $\dfrac{\ln\eta_r}{c}$ 分别为纵坐标，根据上表数据作图，截距即为特性黏度 $[\eta]$。

3. 求出特性黏度 $[\eta]$ 之后，代入方程式 $[\eta]=KM^\alpha$，就可以算出聚合物的分子量 $\overline{M}_\eta$，此分子量称为黏均分子量。

4. 无扰尺寸的计算。

六、思考题

1. 用黏度法测定聚合物分子量的依据是什么?

2. 从手册上查 K、α 值时要注意什么? 为什么?

3. 外推求 $[\eta]$ 时两条直线的张角与什么有关?

附1 溶液黏度名称对照

习惯名称	ISO 推荐名称	符号
相对黏度	黏度比	η_r
增比黏度	黏度相对增量	η_{sp}
比浓黏度	黏度	η_{sp}/c
比浓对数黏度	对数黏度	$\ln\eta_r/c$
特性黏度	极限黏度	$[\eta]$

附2 黏度计的动能校正和仪器常数测定

液体在流动时,由于分子间的相互作用,产生了阻碍运动的内摩擦力,黏度就是这种内摩擦力的表现。按照牛顿的黏性流动定律,当两层流动液体间(面积等于 A)由于液体分子间的摩擦产生流动速度梯度 $\dfrac{\mathrm{d}v}{\mathrm{d}Z}$(图 1-17),液体对流动的黏性阻力是 $f=A\eta\dfrac{\Delta v}{\Delta Z}$,$\eta$ 就是液体的黏度。

假定液体在图 1-18 所示毛细管中流动是黏性流动,促使流动的力($\pi R^2 P$)全部用以克服液体对流动的黏性阻力,那么可以导出在离轴 r 和 $r+\mathrm{d}r$ 的两圆柱面间液体的流动服从下列方程:

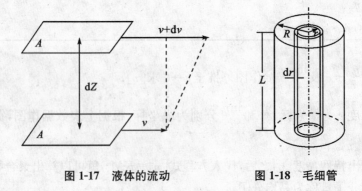

图 1-17 液体的流动   图 1-18 毛细管

$$\pi r^2 P + 2\pi r l \eta \frac{\mathrm{d}v}{\mathrm{d}r} = 0 \tag{9}$$

$$\frac{\mathrm{d}v}{\mathrm{d}r} = -\frac{P}{2\eta l} r \tag{10}$$

式中，P 是促使液体流动的在毛细管两端间压力差。

$v_{(r)}$ 为 r 处流速，管壁与液体间没有滑动，即 $v_{(r)} = 0$，那么

$$v_{(r)} = \int_{v_{(R)}}^{v_{(r)}} \mathrm{d}v = \int_{R}^{r} \frac{\mathrm{d}v}{\mathrm{d}r} \mathrm{d}r = -\frac{P}{2\eta l} \int_{R}^{r} r \mathrm{d}r = \frac{P}{4\eta l}(R^2 - r^2) \tag{11}$$

设在 t 秒内从毛细管流出的液体的总体积是 V，得

$$\frac{V}{t} = \int_{o}^{R} 2\pi r v_{(r)} \mathrm{d}r = 2\pi \int_{0}^{R} \frac{P}{4\eta l}(R^2 r - r^3)\mathrm{d}r = \frac{\pi P}{2\eta l}\left(\frac{1}{2}R^4 - \frac{1}{4}R^4\right) = \frac{\pi P R^4}{8\eta l}$$

即

$$\eta = \frac{\pi P R^4 t}{8lV} = \frac{\pi g h R^4 \rho t}{8lV} \tag{12}$$

这是在假定液体流动的力全部用于克服内摩擦力的情况下，也就是说液体在流动时没有消耗能量。一般选择纯溶剂流出时间大于 100 s 的黏度计，就可以略去流动时能量消耗的主要部分——动能消耗的影响。重力的作用，除驱使液体流动外，还部分转变为动能，这部分能量损耗，必须予以校正。

$$\eta = \frac{\pi h g R^4 \rho t}{8lV} - \frac{m \rho V}{8\pi l t} \tag{13}$$

式中，h 为等效平均液柱高，即流经毛细管的液柱的平均高度；t 为液面流经 a 线至 b 线间所需的时间；V 为 t 时间内流出液体的体积，即 a、b 线间球体积；l 为毛细管长度；R 为毛细管直径；g 为重力加速度；m 为与毛细管两端液体流动有关的常数（近似等于1）。

式(13)等号右边的第一项是指重力消耗于克服液体的黏性流动，而第二项是指重力的一部分转化为流出液体的动能，此即毛细管测定液体黏度技术中的"动能改正项"。

令仪器常数 $A = \frac{\pi h g R^4}{8lV}$，$B = \frac{mV}{8\pi l}$，经动能校正的泊塞尔定律为

$$\frac{\eta}{\rho} = At - \frac{B}{t} \tag{14}$$

A、B 的测定有下列两种方法：(1)一种标准液体，在不同标准温度下（其中 η 和 ρ 已知），测定流出时间。(2)两种标准液体，在同一标准温度下（其中 η 和 ρ 已知），测定流出时间。

实验采用标准液体均应经纯化，温度计则要求准确，毛细管半径较粗，溶剂流出时间小于 100 s；溶剂的比密黏度（η/ρ）太小，如丙酮，上述情况必须考虑。仪器常数的计算是测定温度下的纯溶剂黏度和密度，由物理化学手册中查出，测

定流出时间是连续 3 次的平均值,然后列出联立方程式:

$$\begin{cases} \dfrac{\eta_1}{\rho_1} = At_1 - \dfrac{B}{t_1} \\[3mm] \dfrac{\eta_2}{\rho_2} = At_2 - \dfrac{B}{t_2} \end{cases}$$

解联立方程计算 A、B 值。

只要仪器设计得当和溶剂选择合适,往往可忽略动能改正的影响,式(14)即可写作 $\eta = A\rho t$。

溶液的相对黏度(使用同一支黏度计 A 可约去)可表示为

$$\eta_r = \frac{\eta}{\eta_0} = \frac{\rho}{\rho_0} \times \frac{t}{t_0}$$

通常是在极稀的浓度下进行测定,所以溶液和溶剂的密度近似相等,$\rho \approx \rho_0$。由此可改写为

$$\eta_r = t/t_0$$

$$\eta_{sp} = \eta_r - 1 = \frac{t - t_0}{t_0}$$

式中,t、t_0 分别为溶液和纯溶剂的流出时间。

附3 一点法测定特性黏度

所谓一点法,即只需在一个浓度下,测定一个黏度数值便可算出聚合物分子量的方法。使用一点法,通常有两种途径:一是求出一个与分子量无关的参数 γ,然后利用 Maron 公式推算出特性黏度;二是直接用程氏公式求算。

1. 求 γ 参数必须在用稀释法测定的基础上,从直线方程:

$$\frac{\eta_{sp}}{c} = [\eta] + k'[\eta]^2 c \tag{1}$$

$$\frac{\ln\eta_r}{c} = [\eta] - \beta[\eta]^2 c \tag{2}$$

其中,k' 与 β 是两条直线的斜率,令其比值为 γ 即 $\gamma = k'/\beta$,用 γ 乘以式(2)得

$$\frac{\gamma\ln\eta_r}{c} = \gamma[\eta] - k'[\eta]^2 c \tag{15}$$

式(1)加式(15)得

$$\frac{\eta_{sp}}{c} + \frac{\gamma\ln\eta_r}{c} = (1+\gamma)[\eta]$$

$$[\eta] = \frac{\dfrac{\eta_{sp}}{c} + \dfrac{\gamma\ln\eta_r}{c}}{1+\gamma} = \frac{\eta_{sp} + \gamma\ln\eta_r}{(1+\gamma)c} \tag{16}$$

式(16)即为 Maron 公式的表达式。因 k'、β 都是与分子量无关的常数,对于

给定的任一聚合物-溶剂体系,γ 也总是一个与分子量无关的常数,用稀释法求出两条直线斜率,即 k' 与 β 值,进而求出 γ 值。从 Maron 公式看出,若 γ 值已预先求出,则只需测定一个浓度下的溶液流出时间就可算出 $[\eta]$,从而算出该聚合物的分子量。

2. 一点法中直接应用的计算公式很多,比较常用的是程氏公式:

$$[\eta] = \frac{\sqrt{2(\eta_{sp} - \ln\eta_r)}}{c} \tag{17}$$

式(1)减去式(2)得

$$\frac{\eta_{sp}}{c} - \frac{\ln\eta_r}{c} = (k' + \beta)[\eta]^2 c$$

当 $k' + \beta = \dfrac{1}{2}$ 时即得程氏公式(17)。

从推导过程可知,程氏公式是在假定 $k' + \beta = \dfrac{1}{2}$ 或者 $k' \approx 0.3 \sim 0.4$ 的条件下才成立。因此在使用时体系必须符合这个条件,而一般在线型高聚物的良性溶剂体系中都可满足这个条件,所以应用较广。

许多情况下,尤其是在生产单位工艺控制过程中,常需要对同种类聚合物的特性黏度进行大量重复测定。如果都按正规操作,每个样品至少要测定 3 个以上不同浓度溶液的黏度,这是非常麻烦和费事的。在这种情况下,如能采用一点法进行测定将是十分方便和快速的。

实验十八 密度梯度管法测定聚合物的密度和结晶度

密度梯度法是测定聚合物密度的方法之一。聚合物的密度是聚合物的重要参数。聚合物结晶过程中密度变化的测定,可研究结晶度和结晶速率;拉伸、退火可以改变取向度和结晶度,也可通过密度来进行研究;对许多结晶性聚合物其结晶度的大小对聚合物的性能、加工条件选择及应用都有很大影响。聚合物的结晶度的测定方法虽有 X 射线衍射法、红外吸收光谱法、核磁共振法、差热分析、反相色谱等,但都要使用复杂的仪器设备。用密度梯度管法测得的密度换算到结晶度,既简单易行又较为准确,且它能同时测定一定范围内不同密度的多个样品,尤其对很小的样品或是密度改变极小的一组样品(需要高灵敏的测定方法来观察其密度改变)此法既方便又灵敏。

一、实验目的

1. 掌握用密度梯度法测定聚合物密度、结晶度的基本原理和方法。

2.利用文献上某些结晶性聚合物聚乙烯和聚丙烯晶区和非晶区的密度数据,计算结晶度。

二、基本原理

由于高分子结构的不均一性,大分子内摩擦的阻碍等原因,聚合物的结晶总是不完善的,而是晶相与非晶相共存的两相结构,结晶度 f_w,即表征聚合物样品中晶区重量占全部重量的百分数:

$$f_w = \frac{晶区重量}{晶区重量+非晶区重量} \times 100\% \qquad (1)$$

在结晶聚合物(如 PP、PE 等)中,晶相结构排列规则,堆砌紧密,因而密度大;而非晶结构排列无序,堆砌松散,密度小,所以,晶区与非晶区以不同比例两相共存,结晶度的差别反映了密度的差别。测定聚合物样品的密度,便可求出聚合物的结晶度。

密度梯度法测定结晶度的原理就是在此基础上,利用聚合物比容的线性加和关系,即聚合物的比容是晶区部分比容与无定形部分比容之和。聚合物的比容 $\overline{V}$ 和结晶度 f_w 有如下关系:

$$\overline{V} = \overline{V}_c \cdot f_w + \overline{V}_a(1-f_w) \qquad (2)$$

式中,$\overline{V}_c$ 为样品中结晶区比容,可以从 X 光衍射分析所得的晶胞参数计算求得;$\overline{V}_a$ 为样品中无定形区的比容,可以用膨胀计测定不同温度时该聚合物熔体的比容,然后外推得到该温度时非晶区的比容 $\overline{V}_a$ 的数值。

根据式(2),样品的结晶度可按下式计算:

$$f_w = \frac{\overline{V}-\overline{V}_a}{\overline{V}_c-\overline{V}_a} \times 100\% = \frac{\rho_c(\rho-\rho_a)}{\rho(\rho_c-\rho_a)} \times 100\% \qquad (3)$$

比容为密度的倒数,即 $\overline{V} = \dfrac{1}{\rho}$。这里 ρ_c 为被测聚合物完全结晶(即 100% 结晶)时的密度,ρ_a 为无定形时的密度,从测得聚合物试样的密度 ρ 可算出结晶度 f_w。

将两种密度不同,又能互相混溶的液体置于管筒状玻璃容器中,高密度液体在下,低密度液体轻轻沿壁倒入,由于液体分子的扩散作用,两种液体界面被适当地混合,达到扩散平衡,形成密度从上至下逐渐增大,并呈现连续的线性分布

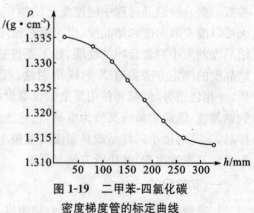

图 1-19　二甲苯-四氯化碳
密度梯度管的标定曲线

的液柱,俗称密度梯度管。将已知准确密度的玻璃小球投入管中,标定液柱密度的分布,以小球密度对其在液柱中的高度作图,得一曲线(图 1-19),其中间一段呈直线,两端略弯曲。向管中投入被测试样后,试样下沉至与其密度相等的位置就悬浮着,测得试样在管中的高度后,由密度-液柱高度的直线关系图上查出试样的密度。也可用内插法计算试样的密度。

三、试剂与仪器

试剂:水、工业乙醇、聚乙烯、聚丙烯(小粒样品)。

仪器:带磨口塞玻璃密度梯度管、恒温槽、测高仪、标准玻璃小球一组、密度计、磁力搅拌器。

四、实验步骤

(一)密度梯度管的制备

根据欲测试样密度的大小和范围,确定梯度管测量范围的上限和下限,然后选择两种合适的液体,使轻液的密度等于上限,重液的密度等于下限。同时应该注意到,如选用的两种液体密度值相差大,所配制成的梯度管的密度梯度范围就大,密度随高度的变化率较大,因而在同样高度的管中其精确度就低。选择好液体体系是很重要的,常用的典型体系如表 1-4 所示,某些高聚物的晶态与非晶态的密度如表 1-5 所示。

表 1-4 常用的密度梯度管溶液体系

体系	密度范围/$(g \cdot cm^{-3})$
甲醇-苯甲醇	0.80~0.92
异丙醇-水	0.79~1.00
乙醇-水	0.79~1.00
异丙醇-缩乙二醇	0.79~1.11
乙醇-四氯化碳	0.79~1.59
甲苯-四氯化碳	0.87~1.59
水-溴化钠	1.00~1.41
水-硝酸钙	1.00~1.60
四氯化碳-二溴丙烷	1.60~1.99
二溴丙烷-二溴乙烷	1.99~2.18
1,2-二溴乙烷-溴仿	2.18~2.29

表 1-5 某些高聚物的晶态与非晶态的密度

高聚物	密度/$(g \cdot cm^{-3})$	
	ρ_c	ρ_a
高密度聚乙烯	1.014	0.854
全同聚丙烯	0.936	0.854
等规聚苯乙烯	1.120	1.052
聚甲醛	1.506	1.215
全同聚丁烯-1	0.95	0.868
天然橡胶	1.00	0.91
尼龙 6	1.230	1.084
尼龙 66	1.220	1.069
聚对苯二甲酸乙二酯	1.455	1.336

选择密度梯度的液体,除满足所需密度范围外还要求:①不被试样吸收,不与试样发生任何物理、化学反应;②两种液体能以任何比例相互混合;③两种液体混合时不发生化学作用;④具有低的黏度和挥发性。

本实验测定聚乙烯和聚丙烯的密度,样品能吸湿,选用水-工业乙醇体系。

密度梯度管的配制方法简单,一般有三种方法:

(1)两段扩散法。先把重液倒入梯度管的下半段(为总液体量的一半),再把轻液非常缓慢地沿管壁倒入管内的上半段,两段液体间应有清晰的界面。切勿使液体冲流造成过度的混合,从而导致非自行扩散而影响密度梯度的形成。然后用一根长的搅拌棒轻轻插至两段液体的界面作旋转搅动约 10 s,至界面消失。梯度管盖上磨口塞后,平稳移入恒温槽中,梯度管内液面应低于槽内水的液面恒温放置 24 h 后,梯度即能稳定,可以应用。这种方法形成梯度的扩散过程较长,而且密度梯度的分布呈反"S"形曲线,两段略弯曲,只有中间的一段直线才是有效的梯度范围(图 1-19)。

(2)分段添加法。选用两种能达到所需密度范围的液体配成密度有一定差数的四种或更多种混合液,然后依次由重而轻取等体积的各种混合液,小心缓慢地加入管中,按上述的搅动方式使每层液体间的界面消失,亦可不加搅拌。恒温放置数小时后梯度管即可稳定。显然,管中液体的层次越多,液体分子的扩散过程就越短,得到的密度梯度也就越接近线性分布。但是,要配成一系列等差密度的混合液较为繁琐。

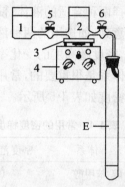

(3)连续注入法。如图 1-20 所示,A,B 是两个同样大小的玻璃圆筒,A 盛轻液,B 盛重液,它们的体积之和为密度梯度管的体积,B 筒下部有搅拌子在搅拌,初始流入梯度管的是重液,开始流动后 B 筒的密度就慢慢变化,显然梯度管中液体密度变化与 B 筒的变化是一致的。

1—轻液容器;2—重液容器;3—搅拌子;4—磁力搅拌器;E—梯度管;5,6—活塞

图 1-20　连续注入法制备密度梯度管装置

(二)密度梯度管的校验

配制成的密度梯度管在使用前一定要进行校验,观察是否得到较好的线性

梯度和精确度。校验方法是将已知密度①的一组玻璃小球(直径为 3 mm 左右),按密度由大至小的次序依次投入管内,平衡后(一般要 2 h 左右)用测高仪测定小球悬浮在管内的重心高度,然后作出小球密度对小球高度的曲线。如果得到的是一条不规则曲线,必须重新制备梯度管。校验后梯度管中任何一点的密度可以从标定曲线上查得。密度梯度是非平衡体系,随温度和使用的操作等原因会使标定曲线发生改变。标定后,小球可停留在管中作参考点,实验中已知密度的一组玻璃浮标(玻璃小球)8 个,每隔 15 min,记录一次高度,在连续两次之间各个浮标的位置读数,相差在±0.1 mm 时,就可以认为浮标已经达到平衡位置(一般约需 2 h)。

(三)聚合物密度测定

(1)把待测样品用容器分别盛好,放入 60℃的真空烘箱中,干燥 24 h,取出放于干燥器中待测。

(2)取出准备好的样品(聚乙烯、聚丙烯),先用轻液浸润试样,避免附着气泡,然后轻轻放入管中,平衡后,测定试样在管中的高度,重复测定 3 次。

(3)测试完毕,用金属丝网勺按由上至下的次序轻轻地逐个捞起小球,并且事先将标号袋由小到大严格排好次序,使每取出一个小球即装入相应的袋中,待全部玻璃小球及试样依次捞起后,盖上密度梯度管盖子。

五、数据记录及处理

1. 标定曲线,按下表记录实验数据,并作出标定曲线。

浮标密度/(g·cm⁻³)							
立即下降密度/(g·cm⁻³)							
15 min 后的高度/mm							
30 min 后的高度/mm							

---

① 玻璃小球密度的标定。

　　制成的玻璃小球的玻璃壁厚度不同,得到密度不同的玻璃小球。首先可把它们分成不同密度范围的几个组,这种分类可用不同密度的混合液体,根据小球在这些溶液中沉浮的情况来判断,然后取我们校正密度梯度管所需的密度范围内的小球来进行逐个标定。标定的方法:在恒定的温度下,在带有磨口塞的量筒或管状容器中,先配成一种混合液体,其密度与所需的最低密度相同,把玻璃小球放入液体中,大于液体密度的小球都沉在底部。当温度达到平衡后,逐滴加入重液使液体密度逐渐增大,同时均匀搅拌,直到有一小球上升并浮在液体中间,盖紧磨口塞,使小球保持停止不动至少 15 min。然后,用精密的密度计测定密度,进行更精确的测量,待混合液体倒入密度瓶中(已核准好的)称量,求得混合液体的密度,即小球的密度。

2. 试样密度的测定:

试样名称								
立即下降密度/(g·cm⁻³)								
15 min 后的高度/mm								
30 min 后的高度/mm								
密度/(g·cm⁻³)								

3. 结晶度的计算:

从文献上查得:

尼龙 66　　　　晶区密度 $\rho_c=1.220$　　　　非晶区密度 $\rho_a=1.069$

尼龙 6　　　　晶区密度 $\rho_c=1.230$　　　　非晶区密度 $\rho_a=1.084$

根据式(3)求出结晶度。

六、思考题

1. 如要测定一个样品密度,是否一定要用密度梯度管? 如果不是,还可以用什么方法测定?

2. 影响密度梯度管精确度的因素是什么?

实验十九　高聚物溶度参数的测定

高聚物的溶度参数常被用于判别聚合物与溶剂的互溶性,对于选择高聚物的溶剂或稀释剂有着重要的参考价值。低分子化合物低溶度参数一般是从汽化热直接测得,高聚物由于其分子间的相互作用能很大,欲使其汽化较困难,往往未达汽化点已先裂解。所以聚合物点溶度参数不能直接从汽化能测得,而是用间接方法测定。

常用的有平衡溶胀法(测定交联聚合物)、浊度法、黏度法等。

现将浊度法及黏度法介绍如下。

一、浊度滴定法

在二元互溶体系中,只要某聚合物定溶度参数 δ_p 在两个互溶溶剂的 δ 值的范围内,我们便可能调节这两个互溶混合溶剂的溶度参数,使 δ_{sm} 值和 δ_p 很接近。这样,我们只要把两种互溶溶剂按照一定的百分比配制成混合溶剂,该混合溶剂的溶度参数 δ_{sm} 可近似地表示为:

$$\delta_{sm}=\Phi_1\delta_1+\Phi_2\delta_2 \qquad\qquad \cdots (1)$$

式中,Φ_1,Φ_2分别表示溶液中组分 1 和组分 2 的体积分数。

浊度滴定法是将待测聚合物溶于某一溶剂中,然后用沉淀剂(能与该溶剂混溶)来滴定,直至溶液开始出现混浊为止。这样,我们便得到在混浊点混合溶剂的溶度参数 δ_{sm} 值。

聚合物溶于二元互溶溶剂的体系中,允许体系的溶度参数有一个范围。本实验我们选用两种具有不同溶度参数的沉淀剂来滴定聚合物溶液,这样得到溶解该聚合物混合溶剂参数的上限和下限,然后取其平均值,即为聚合物的 δ_p 值。

$$\delta_p = \frac{1}{2}(\delta_{mh} + \delta_{ml}) \tag{2}$$

式中,δ_{mh} 和 δ_{ml} 分别为高、低溶度参数的沉淀剂滴定聚合物溶液,在混浊点时混合溶剂的溶度参数。

(一)试剂与仪器

试剂:粉末聚苯乙烯样品,氯仿,正戊烷、甲醇。

仪器:10 mL 自动滴定管 2 个(也可用普通滴定管代用),大试管(25 mm×200 mm)4 个,5 mL 和 10 mL 移液管各 1 支,5 mL 容量瓶 1 个,50 mL 烧杯 1 个。

(二)实验步骤

(1)溶剂和沉淀剂的选择。首先确定聚合物样品溶度参数 δ_p 的范围。取少量样品,在不同 δ 的溶剂中作溶解试验,在室温下如果不溶或溶解较慢,可以把聚合物和溶剂一起加热,并把热溶液冷却至室温,如果不析出沉淀才认为是可溶的,从中挑选合适的溶剂和沉淀剂。

(2)根据选定的溶剂配制聚合物溶液。称取 0.2 g 左右的聚合物样品(本实验采用聚苯乙烯)溶于 25 mL 的溶剂中(用氯仿作溶剂)。用移液管吸取 5 mL(或 10 mL)溶液,置于一试管中,先用正戊烷滴定聚合物溶液,出现沉淀。振荡试管,使沉淀溶解。继续滴入正戊烷,沉淀逐渐难以振荡溶解。滴定至出现的沉淀刚好无法溶解为止,记下用去的正戊烷体积。再用甲醇滴定,操作同正戊烷,记下所用甲醇体积。

(3)分别称取 0.1 g,0.05 g 左右的上述聚合物样品,溶于 25 mL 的溶剂中,操作同上进行滴定。

(三)数据处理

(1)根据式(1)计算混合溶剂的溶度参数 δ_{mh} 和 δ_{ml}。

(2)由式(2)计算聚合物的溶度参数 δ_p。

二、黏度法

在良溶剂中聚合物分子与溶剂分子的作用是相互促进。分子链得到伸展,产生一种类似于膨胀过程一样的回缩力,因此,膨胀度与特性黏度二者可用相同的参数与溶剂的溶解能力相关联,理论上认为膨胀度 Q、特性黏度 $[\eta]$ 皆是 $V^{1/2}(\delta-\delta_p)$ 的 Gauss 函数如:

$$[\eta]=[\eta]_{max}(\delta-\delta_p)^2$$

当 $[\eta]=[\eta]_{max}$ 时,$\delta_p=\delta$,即高聚物的溶度参数与绝对黏度最大值所对应的溶剂的溶度参数相等。

高聚物内聚能密度为溶度参数的平方,即 δ_p^2。

选择不同的 δ 值可溶解该高聚物的溶剂,用黏度法测定高聚物在不同溶剂中形成的溶液的流出时间,求得 $[\eta]$,以 $[\eta]$ 与相应的溶剂的溶度参数 δ 作图,得一曲线,其极值点 $[\eta]_{max}$ 对应得 δ 则可视为高聚物得溶解参数 δ_p。

有些高聚物往往找不到合适的纯溶剂,此时可使用混合溶剂进行测定,如前所述混合溶剂的溶度参数 δ_{sm} 近似表示为

$$\delta_{sm}\left(\frac{X_1V_1\delta_1+X_0V_0\delta_0}{X_1V_1}\right)=\varphi_1\delta_1+\varphi_1\delta_2$$

式中,φ_1,φ_2 分别表示混合液各组分的体积分数;δ_1,δ_2 分别为混合液中各组分的溶度参数。

只要 δ_p 在各种互溶溶剂的 δ 值范围内,就可配制混合溶剂使 δ_{sm} 值与 δ_p 很接近。根据此原理,我们选用两种互溶且混合时无体积效应的溶剂,其一 δ 值小于 δ_p,另一 δ 值大于 δ_p,按不同比例混合均匀成一系列混合溶剂,再用这类混合溶剂配制一系列高聚物溶液,分别测其 $[\eta]$,进而求出 δ_p。

(一)试剂与仪器

试剂:甲苯,苯,丁酮,甲酸乙酯,丙酮(皆为 C. P.),PVAc。

仪器:恒温装置 1 套;磨口三角瓶(50~100 mL)6 个;秒表 1 只;容量瓶(25 mL)6 个;橡皮吸球 1 个;移液管 1 支;砂芯漏斗 1 个;黏度计 1 支。

(二)实验步骤

(1)将恒温水浴调节至 30℃±0.01℃

(2)称取 0.2 g 高聚物放入磨口三角瓶中,加入溶剂使之完全溶解后,用砂芯漏斗过滤至 25 mL 的容量瓶中,用同种溶剂稀释至刻度,混合均匀后即得浓度约为 1%的溶液。同法配制甲苯、苯、丁酮、甲酸乙酯、丙酮的 PVAc 溶液各 25 mL,并放于恒温水浴中恒温。

(3)取丙酮、丁酮按不同比例配制成 $\delta_{sm}=9.8\sim10.0$ 的混合溶剂,再如同步骤(2)配制一系列浓度约为 1%的 PVAc 溶液,并放在恒温槽中恒温待用。

(4)取一支乌氏黏度计(或奥氏黏度计)垂直固定于恒温水浴中,并使黏度计上方之小球浸没在水中。

（5）用移液管吸取 10 mL 溶液注入黏度计中,恒温 10 min,测定溶液的流出时间。重复测定 3 次,误差不超过 0.2 s,取其平均值即为溶液的流出时间 t（详见实验一）。

（6）倒出的溶液用同一溶剂洗涤 3～5 次,还应烘干奥氏黏度计,吸取 10 mL 溶剂,放于管中,恒温 10 min 后测溶剂的流出时间 t。

（7）重复步骤（4）,（5）,（6）,测定各不同溶液及相应的溶剂之流出时间 t 和 t_0（按 t_0:90～110 s 之间选择黏度计）。

（8）各取 10 mL 溶液于蒸发皿中,在 110℃下真空干燥至恒重,称量计算溶液的溶度。

（三）数据记录及处理

（1）求溶解度参数 δ_p：

按一点法求特性黏度：$[\eta] = \dfrac{1}{C}\sqrt{2(\eta_{sp} - \ln\eta_r)}$

作图：$[\eta]$ 对 δ 作图,对应的值为 δ_{sp}。

（2）计算内聚能密度。

（四）思考题

1. 在浊度法测定聚合物溶度参数时,应根据什么原则考虑适当的溶剂及沉淀剂? 溶剂与聚合物之间溶度参数相近是否一定能保证二者相容? 为什么?

2. 应用黏度计测定聚合物的溶度参数中,聚合物溶液的浓度对其有何影响? 为什么?

实验二十　聚合物熔体流动速率及流动活化能的测定

在塑料加工中,熔体流动速率是用来衡量塑料熔体流动性的一个重要指标。通过测定塑料的流动速率,可以研究聚合物的结构因素。此法简单易行,对材料的选择和成型工艺条件的确定有其重要的实用价值,工业生产中应用得十分广泛。但该方法也有局限性,不同品种的高聚物之间不能用其熔融指数值比较其测定结果,不能直接用于实际加工过程中的高切变速率下的计算,只能作为参考数据。此种仪器测得的流动性能指标,是在低剪切速率下测得的,不存在广泛的应力应变速率关系,因而不能用来研究塑料熔体黏度和温度及黏度与剪切速率的依赖关系,仅能比较相同结构的聚合物分子量或熔体黏度的相对数值。

一、实验目的

1. 了解热塑性塑料在黏流态时黏性流动的规律。

2. 熔体速率仪的使用方法。

二、实验原理

所谓熔体流动速率（MFR）是指热塑性塑料熔体在一定的温度、压力下，在 10 min 内通过标准毛细管的质量，单位：$g \cdot (10\ min)^{-1}$。

对于同种高聚物，可用熔体流动速率来比较其分子量的大小，并可作为生产指标。一般来讲，同一类的高聚物（化学结构相同），若熔体流动速率变小，则其分子量增大，机械强度较高；但其流动性变差，加工性能低；熔体流动速率变大，则分子量减小，机械强度有所下降，但流动性变好。

研究流动曲线的特性表明，在很低的剪切速率下，聚合物熔体的流动行为是服从牛顿定律的。其黏度不依赖于剪切速率，通常把这种黏度称为最大牛顿黏度或零剪切黏度 η_0，它是利用 $\eta = f(S)$ 关系，从很小的剪切应力（S）外推到零求得的。根据布契理论，线型聚合物的零剪切黏度与大于临界分子量的重均分子量（$\overline{M}_w$）的关系式为 $\eta_0 = K\overline{M}_w^{3.4}$，式中 K 是依赖于聚合物类型及测定温度的常数。许多研究表明，对于分子量分布较窄或分级的高密度聚乙烯，是遵守 3.4 次方规则的。但在分子量分布宽时，M 的指数有所增大。如果使指数保持为 3.4，则需用某种平均分子量（$\overline{M}_t$）代替重均分子量，其关系式为：

$$\eta_0 = K\overline{M}_t^{3.4} \tag{1}$$

式中，$\overline{M}_w < \overline{M}_t < \overline{M}_z$。当分子量分布窄时，$\overline{M}_t$ 接近 $\overline{M}_w$；当分子量分布宽时，$\overline{M}_t$ 接近 Z 均分子量 $\overline{M}_z$。在实际应用中，不是用零剪切黏度评定分子量，而是用低剪切速率的熔体流动速度 MFR（习惯上叫熔融指数）评定的。经研究，熔融指数与重均分子量的关系如下：

$$\log MI = 24.505 - 5\log\overline{M}_w \tag{2}$$

但由于熔融指数不只是分子量的函数，也受分子量分布及支链的影响，所以在使用这一公式时应予以注意。

按照 ASTM 规定，聚乙烯的熔融指数是在 190℃、负载 2.16 kg 下，熔体在 10 min 内通过标准口型（φ2.095 mm×8 mm）的重量，单位为 $g \cdot (10\ min)^{-1}$。

下面讨论如何用熔融指数测定聚合物熔体的流动活化能。

对高聚物熔体黏度进行的大量研究表明，温度和熔体零剪切黏度的关系在低切变速率区可以用安德雷德方程描述。

$$\eta_0 = Ae^{\frac{E_\eta}{RT}} \tag{3}$$

式中，η_0 为温度 T 下时的零剪切黏度，E_η 为大分子的链段以一个平衡位置移动到下一个平衡位置必须克服的能量高度，即流动活化能。上式在 50℃ 的温度区间内具有很好的规律，把（3）式化为对数形式，得：

$$\lg\eta_0 = \lg A + \frac{E_\eta}{2.303RT} \tag{4}$$

以 $\lg\eta_0$ 对 $1/T$ 作图,应得一直线,其斜率为 $E_\eta/2.303RT$ 由此很容易标出 E_η。由于需要在每一温度条件下用改变荷重的方法做一组实验,通过外推才能求得零剪切黏度,所以费时太多。可以利用熔融指数仪,测定不同温度、恒定切应力条件下的 MI 值,并由此求出表观活化能。

原理如下:由泊萧叶方程知道,通过毛细管黏度计的熔体的黏度:

$$\eta=\frac{\pi R^4 \Delta\rho}{8VL} \tag{5}$$

式中,R 与 L 分别为毛细管的半径与长度;$\Delta\rho$ 为压差;V 为体积流速。

则:

$$V=\frac{\pi R^4 \Delta\rho}{8\eta L} \tag{6}$$

在固定毛细管及 $\Delta\rho$ 的条件下:

$$V=\frac{K}{\eta} \tag{7}$$

由 MI 的定义知道,MI 正比于 V,

所以

$$\eta=\frac{K'}{MI} \tag{8}$$

将其代入(3)式,得

$$\frac{K'}{MI}=Ae^{\frac{E_\eta}{RT}} \tag{9}$$

由上式可导出:

$$-\lg MI=B+\frac{E_\eta}{2.303RT} \tag{10}$$

式中,$B=\lg A-\lg K'$。以 $-\lg MI$ 对 $1/T$ 作图,应得一直线,由其斜率可求得 E_η。还可以利用 MI 的实测值计算样品的 $\overline{M}_w$,A 及不同温度下 η 的值。

三、试剂与仪器

试剂:聚乙烯粒料。

仪器:XRZ-400A 型熔体流动速率仪,该仪器由试料挤出系统和加热控制系统两部分组成,其面板及主体结构分别如图 1-21 和 1-22 所示。天平。

四、实验条件

测定不同结构的塑料的熔体流动速率,所选择的温度、负荷、试料用量、切割时间等各不相同,其规定标准见表 1-6、表 1-7。

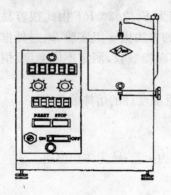

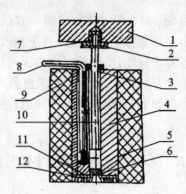

图 1-21 XRZ-400A 型熔体流动
速率仪的面板

1—砝码；2—砝码托盘；3—活塞；4—炉体；5—
控温元件；6—标准口模；7—隔热套；8—温度计；9—
隔热层；10—料筒；11—托盘；12—隔热垫

图 1-22 XRZ-400A 型主体结构示意图

表 1-6 标准实验条件

序号	标准口模内径/mm	实验温度/℃	口模系数/(g·mm^{-2})	负荷/kg
1	1.180	190	46.6	2.106
2	2.095	190	70	0.325
3	2.095	190	464	2.160
4	2.095	190	1073	5.000
5	2.095	190	2146	10.000
6	2.095	190	4635	21.600
7	2.095	200	1073	5.000
8	2.095	200	2146	10.000
9	2.095	220	2146	10.000
10	2.095	230	70	0.325
11	2.095	230	258	1.200
12	2.095	230	464	2.160
13	2.095	230	815	3.800
14	2.095	230	1073	5.000
15	2.095	275	70	0.325
16	2.095	300	258	1.200

有关塑料试验条件按表 1-6 序号选用。

PE	1,2,3,4,6
POM	3
PS	5,7,11,13
ABS	7,9
PP	12,14
PC	16
PA	10,15
丙烯酸酯	8,11,13
纤维素酯	2,3

共聚、共混合改性等类型的塑料可参照上述分类试验条件选用。

表 1-7　试样加入量与切样时间间隔

MFR/[g·(10 min)$^{-1}$]	试样加入量/g	切样时间/s
0.1～0.5	3～4	120～240
>0.5～1.0	3～4	60～120
>1.0～3.5	4～5	30～60
>3.5～10	6～8	10～30
>10～25	6～8	5～10

1.试样加入时用活塞压紧,并在 1 min 内加完,根据选用的试验条件加负荷。

注:如果 MFR>10 时,这种情况下预热期间可不加负荷或加较小负荷。

2.温度波动应保证在±0.5℃以内(炉温须在距标准口模上端 10.0 mm 处测量)。

3.天平感量为 0.001 g。

4.秒表精确至 0.1 s。

五、实验步骤

(一)熔体流动速率的测定

1.将仪器调至水平。

2.仪器需清洁,在装好标准口模并插入活塞后,开始升温,当温度升到规定温度时,恒温 15 min。

3.根据试样预计的熔体流动速率值,按表 1-7 称取试样并加入料筒中。

4. 试样经 4 min 预热,炉温度恢复到规定温度。可用手压使活塞降到下环形标记,距料筒口 5~10 mm 为止,这个操作时间不超过 1 min。待活塞下降至下环形标记和料筒口相平时切除已流出的样条,并按表 1-7 规定的切样时间间隔开始正式切取。保留连续切取的无气泡样条 5 个。当活塞下降到上环形标记和料筒口相平时,停止切取。

注:

①MFR>25 时,可选用 $\Phi=1.180$ mm 的标准口模。

②试样条长度最好选在 10~20 mm,但以切样间隔为准。

③样条冷却后,置于天平上称量。

④若每组所切样中重量的最大值和最小值之差超过其平均值的 10%,实验应重做。

⑤每次试验后,必须用纱布擦净标准口模表面、活塞和料筒,模孔用直径合适的黄铜丝或木钉趁热将余料顶出后用纱布擦净。

(二)LDPE(低密度聚乙烯)流动活化能的测定

在 130℃~230℃ 区间选 5~6 个温度点,按(一)的步骤分别测定 LDPE 的流动速率。

六、数据处理

熔体流动速率按下式计算:

$$MFR = 600w/t$$

式中,MFR 为熔体流动速度,$g \cdot (10\ min)^{-1}$;W 为切取样条重量的算术平均值,g;t 为切样时间间隔,s;计算结果取两位有效数字。

2. 以 $-\lg MI$ 对 $1/T \times 10^3$ 作图,由直线斜率求出流动活化能 E_η。

3. 计算 LDPE 试料的分子量。

七、思考题

1. 聚合物的分子量与其熔体流动速率有什么关系?为什么熔体流动速率不能在结构不同的聚合物之间进行比较?

2. 为什么要切取 5 个切割段?是否可直接切取 10 min 流出的重量为熔体流动速率?

实验二十一 聚合物温度-形变曲线的测定

聚合物由于复杂的结构形态导致了分子运动单元的多重性。即使结构已经确定而所处状态不同,其分子运动方式不同,将显示出不同的物理和力学性能。

考察它的分子运动时所表现的状态性质,才能建立起聚合物结构与性能之间的关系。聚合物的温度-形变曲线(即热-机械曲线(Thermomechanic Analysis),简称 TMA)是研究聚合物力学性质对温度依赖关系的重要方法之一。聚合物的许多结构因素如化学结构、分子量、结晶性、交联、增塑、老化等都会在 TMA 曲线上有明显反映。在这种曲线的转变区域可以求出非晶态聚合物的玻璃化温度 T_g 和黏流温度 T_f,以及结晶聚合物的熔融温度 T_m,这些数据反映了材料的热机械特性,对确定使用温度范围和加工条件有实际意义。

一、实验目的

1. 掌握测定聚合物温度-形变曲线的方法,了解线型非晶聚合物的三种力学状态。

2. 测定聚甲基丙烯酸甲酯的玻璃化温度 T_g 和黏流温度 T_f,以及聚乙烯的熔点 T_m。

二、实验原理

线性无定形聚合物存在三种力学状态:

1. 玻璃态。在温度足够低时,由于高分子链和链段的运动均被"冻结",外力的作用只能引起高分子键长和键角的改变,因此聚合物形变量很小,弹性模量大,是普弹形变,表现出硬而脆的物理机械性质。

2. 高弹态。随着温度的升高,分子热运动能量逐渐增加,到达一定值后,链段首先"解冻",开始运动,聚合物的弹性模量骤降约三个数量级,形变量大增,表现为柔软而富有弹性,除去外力发生可逆高弹形变,具有明显的松弛时间。

3. 黏流态。温度进一步升高,直至整个高分子链能够移动,成为可以流动的黏液,受力后发生塑性形变,形变量很大,且不可逆。

聚合物随着温度的升高,从玻璃态转变到高弹态,再转变到黏流态。等速升温过程中在测量的聚合物样品上施加固定的静负荷,观察试样的形变与温度的函数关系,就能得到如图 1-23 所示的曲线。曲线 1 是线型无定形高聚物的热机械曲线,以切线法作图求得从玻璃态转向高弹态的温度,称为玻璃化温度 T_g,从高弹态向黏流态转变的温度称为黏流温度 T_f;T_g 是塑料的使用温度上限,橡胶类材料的使用温度下限,T_f 是成型加工温度的下限。

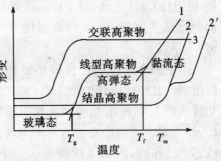

图 1-23 聚合物温度形变曲线

结晶聚合物的晶区中，高分子因受晶格的束缚，链段和分子链都不能运动，因此，当结晶度足够高时，试样的弹性模量很大，在一定外力作用下，形变量很小，其温度形变曲线在结晶熔融之前是斜率很小的直线，温度升高到结晶熔融时，热运动克服了晶格能，分子链和链段都突然活动起来，聚合物直接进入黏流态，形变量急剧增大，曲线突然转折向上弯曲，如曲线 2 所示，对于一般分子量的结晶聚合物，由直线外推得到的熔融温度 T_m 也是黏流温度；如果分子量很大，温度达到 T_m 后结晶熔融，聚合物先进入高弹态，到更高的温度才发生黏性流动，如曲线 2′ 所示。结晶度不高的聚合物的温度-形变曲线上可观察到非晶区发生玻璃化转变相应的转折。这种情况下，出现的高弹形变量将随试样结晶度的增加而减小，玻璃化温度随试样的结晶度增加而升高。交联聚合物因分子间化学键的束缚，分子间的相对运动无法进行，所以不出现黏流态，其高弹形变量随交联度增加而逐渐减小；增塑剂的加入同时降低聚合物的玻璃化温度和黏流温度。

热机械曲线的形状决定于聚合物的分子量、化学结构和聚集态结构，添加剂、受热史、形变史、升温速度、受力大小等诸多因素。升温速度快，T_g、T_f 也会高些，应力大，T_f 会降低，高弹态会不明显。因此实验时要根据所研究的对象要求，选择测定条件，作相互比较时，一定要在相同条件下测定。

三、试剂与仪器

试剂：聚甲基丙烯酸甲酯和聚乙烯薄片。

仪器：全自动温度-形变仪。

全自动温度-形变仪（图 1-24）由主体炉、温度控制和测量系统以及形变测量系统三个部分组成。温度控制采用调压器，温度测量则采用镍铬-镍铝（FU）热电偶（置于样品近旁）。由于热电偶的冷端为室温，所以所测温度 $T(℃) = 25 \times mV + 室温$。

形变测量系统由位移传感器和相敏整流电路组成。其结构原理如图 1-25(a)。它是由一组初级线圈 L_0 和两组相同而反相串联的次级线圈 L_1、L_2 组成。线圈中心放入可沿 AB 方向移动的铁芯。工作时，向初级线圈输入一个音频信号。当铁芯中心处于 0 点处则铁芯对次级线圈 L_1、L_2 的互感 M_1 与 M_2 相等，即 $M_1 = M_2$，两个次级线圈的感应电动势大小相等相位相反，互相抵消，使输出等于零。如果把铁芯向 A 方向作一定的位移，则 $M_1 > M_2$

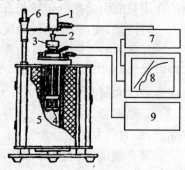

1—差动变压器；2—压杆；3—砝码；4—样品；5—加热炉；6—差动变压器支架调节螺丝；7—相敏整流电路；8—双笔记录；9—等速升温装置

图 1-24　全自动温度-形变仪示意图

而使 L_1 与 L_2 上的电压不能互相抵消,输出电压为:

$$2\Delta e = \frac{i_0 \bar{\omega}^2 M_0}{Z_0}(M_1 - M_2)$$

差动变压器输出的电压差与使用的信号电源的频率、铁芯和 L_0 的互感以及铁芯的阻抗有关,图 1-25(b)为输出电压与铁芯位移的关系图,其中虚线为理想特性,实线表示实际特性,铁芯处于零位附近,或超出一定位移时出现弯曲,中段基本上呈线性关系。这段直线就是用来进行测量的线性范围。

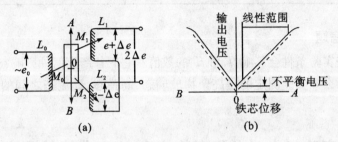

图 1-25　差动变压器结构原理及铁芯位移与输出电压关系图

四、实验步骤

1. 截取厚约 1 mm 的有机玻璃板一小块为试样,打开加热炉,将样品放在样品台上,压杆触头压在样品的中央,并检查压杆是否能上下自由位移。彻底清除上次测量留下的残渣,闭合炉子。

2. 正确连接好全部测量线路,经检查无误后,接通形变仪和记录仪电源,等待电子仪器工作稳定。调节形变测量系统的灵敏度,当压杆位移调至 2 mm 时,记录仪指针偏转 75 cm。调节记录仪和差动变压器零点,压杆下降 1 mm 时,磁芯恰好通过差动变压器零点,记录笔同时到达量程中点。

3. 根据升温速度 5℃·min^{-1} 的要求,适当选择等速升温装置两个调压器的电压,然后接通电源开始升温(变压器输出电压约 150 V)。

4. 调节完毕后,接通升温系统电源,同时放下记录仪的记录笔开始自动记录,直至画好整个温度-形变曲线为止。

5. 切断升温系统电源,打开加热炉,开动微型风扇降温。

6. 待炉子冷却后,更换其他高聚物样品(或改变升温速度)再做一次。

7. 实验结束,切断全部电源,打开加热炉,清除残渣。

五、数据处理

1. 求试样的 T_g, T_f 和 T_m(℃):从记录仪画出的形变曲线上,相应转折区两侧的直线部分外推得到一个交点作为转变点。根据两记录笔的笔间距在等速升温线上找到转变点对应的温度。

2.实验结果列表如下：

样品名称	压缩应力/ (kg·cm^{-2})	升温速度/ (℃·min^{-1})	T_g/℃	T_f/℃	T_m/℃

六、思考题

1.哪些实验条件会影响 T_g 和 T_f 的数值？它们各产生何种影响？

2.为什么本实验测定的是高聚物玻璃态、高弹态、黏流态之间的转变，而不是相变？

实验二十二　聚合物应力-应变曲线的测定

聚合物材料在拉力作用下的应力-应变测试是一种广泛使用的最基础的力学试验。聚合物的应力-应变曲线提供力学行为的许多重要线索及表征参数(杨氏模量、屈服应力、屈服伸长率、破坏应力、极限伸长率、断裂能等)以评价材料抵抗载荷、抵抗变形和吸收能量的性质优劣；从宽广的试验温度和试验速度范围内测得的应力-应变曲线有助于判断聚合物材料的强弱、软硬、韧脆和粗略估算聚合物所处的状况与拉伸取向、结晶过程，并为设计和应用部门选用最佳材料提供科学依据。

一、实验目的

1.熟悉电子拉力机的使用。

2.测定不同拉伸速度下 PE 板的应力-应变曲线。

3.掌握图解法求算聚合物材料抗张强度、断裂伸长率和弹性模量。

二、实验原理

应力-应变试验通常是在张力下进行，即将试样等速拉伸，并同时测定试样所受的应力和形变值，直至试样断裂。

应力是试样单位面积上所受到的力，可按下式计算：

$$\sigma_t = \frac{P}{bd}$$

式中，P 为最大载荷、断裂负荷、屈服负荷，N；b 为试样宽度，m；d 为试样厚度，m。

应变是试样受力后发生的相对变形,可按下式计算:

$$\varepsilon_t = \frac{I - I_0}{I_0} \times 100\%$$

式中,I_0 为试样原始标线距离,m;I 为试样断裂时标线距离,m。

应力-应变曲线是从曲线的初始直线部分,按下式计算弹性模量 E(MPa,$\text{N} \cdot \text{m}^{-2}$):

$$E = \frac{\sigma}{\varepsilon}$$

式中,σ 为应力;ε 为应变。在等速拉伸时,无定形高聚物的典型应力-应变曲线见图 1-26,a 点为弹性极限,σ_a 为弹性(比例)极限强度,ε_a 为弹性极限伸长率。由 O 到 a 点为一直线,应力-应变关系遵循虎克定律 $\sigma = E\varepsilon$,直线斜率 E 称为弹性(杨氏模量)。y 点为屈服点,对应的 σ_y 和 ε_y 称为屈服强度和屈服伸长率。材料屈服后可在 t 点处断裂,σ_t,ε_t 为材料的断裂强度、断裂伸长率(材料的断裂强度可大于或小于屈服强度,视不同材料而定)。

从 σ_t 的大小,可以判断材料的强与弱,而从 ε_t 的大小(从曲线面积的大小)可以判断材料的脆性与韧性。

晶态高聚物材料的应力-应变曲线,见图 1-27。

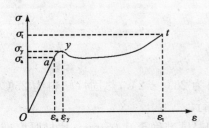
图 1-26　无定形高聚物的应力-应变曲线

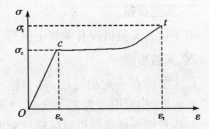
图 1-27　晶态高聚物的应力-应变曲线

在 c 点以后出现微晶的取向和熔解,然后沿力场方向重排或重结晶,故 σ_c 称量结晶强度。从宏观上看,在 c 点材料出现细颈,随拉伸的进行,细颈不断发展,到细颈发展完全后,应力才继续增大到 t 点断裂。

由于高聚物材料的力学实验受环境湿度和拉伸速度的影响,因此必须在广泛的温度和速度范围内进行。工程上,一般是在规定的湿度、速度下进行,以便比较。

三、试样要求

1. 试样制备和外观检查。制成如图 1-28 所示的哑铃形的样条,试样表面应光滑、平整,不应有气泡、杂质、机械损伤等。

2. 每组试样不少于 5 个。

四、实验条件

1. 实验速度(空载):

A:10 mm・min^{-1}±5 mm・min^{-1};

B:50 mm・min^{-1}±5 mm・min^{-1};

C:100 mm・min^{-1}±10 mm・min^{-1}或 250 mm・min^{-1}±50 mm・min^{-1}。以 100 mm・min^{-1}±10 mm・min^{-1}的速度试验,当相对伸长率≤100 时,用 100 mm・min^{-1}±10 mm・min^{-1};相对伸长率>100 时,用 250 mm・min^{-1}±50 mm・min^{-1}。

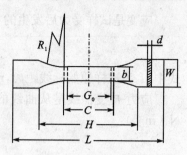

L—总长 170 mm;C—平行部分长度 55 mm±0.5 mm;b—平行宽度 10 mm

图 1-28 Ⅱ型试样

(1)热固性塑料、硬质热塑性塑料:用 A 速度。

(2)伸长率较大的硬质热塑性塑料和半硬质热塑性塑料(如尼龙、聚乙烯、聚丙烯、聚四氟乙烯等):用 B 速度。

(3)软板、片、薄膜:用 C 速度。

2. 测定模量时,速度为 1~5 mm・min^{-1},测变形准确至 0.01 mm。

五、实验设备

电子拉力实验机按有关规定执行。

六、实验步骤

1. 实验应在一定的温度(热塑性塑料为 25℃±2℃,热固性塑料为 25℃±5℃)和湿度(相对湿度为 65%±5%)下进行。

2. 测量模塑试样和板材试样的宽度和厚度准确至 0.05 mm;片材厚度准确至 0.01 mm;薄膜厚度准确至 0.001 mm。每个试样在标距内测量三点,取算术平均值。

3. 测伸长时,应在试样平行部分作标线,此标线对测试结果不应有影响。

4. 夹具夹持试样时,要使试样纵轴与上、下夹具中心连线相重合。并且要松紧适宜,以防止试样滑脱和断在夹具内为度。夹持薄膜要求夹具内垫橡胶之类的弹性材料。

5. 按规定速度,开动机器,进行试验。

6. 试样断裂后,读取屈服时的负荷。若试样断裂在标线之外的部位时,此试样作废,另取试样补作。

7. 测定模量时,安装、调整测量变形仪器,施加负荷,记录负荷及相应的变形。

七、数据处理

1. 作 PE 试片的应力-应变曲线。

2. 求出抗张强度、断裂伸长率、弹性模量。

八、思考题

1. 拉伸速度对实验结果有何影响？

2. 结晶与非晶聚合物的应力-应变曲线有何不同？

实验二十三　聚合物冲击强度的测定

抗冲强度（冲击强度）是材料突然受到冲击而断裂时，每单位横截面上材料可吸收的能量的量度。它反映材料抗冲击作用的能力，是一个衡量材料韧性的指标。冲击强度小，材料较脆。

一、实验目的

1. 掌握 XCJ-50 型冲击试验机的使用。

2. 测定聚丙烯、聚氯乙烯型材的冲击强度。

二、实验原理

国内对塑料冲击强度的测定一般采用简支梁式摆锤冲击实验机进行。试样可分为无缺口和有缺口两种。有缺口的抗冲击测定是模拟材料在恶劣环境下受冲击的情况。

冲击实验时，摆锤从垂直位置挂于机架扬臂上，把扬臂提升一扬角 α，摆锤就获得了一定的位能。释放摆锤，让其自由落下，将放于支架上的样条冲断，向反向回升时，推动指针，从刻度盘读数读出冲断试样所消耗的功 A，就可计算出冲击强度：

$$\sigma = \frac{A}{bd}(\text{kJ} \cdot \text{m}^{-2})$$

式中，b，d 分别为试样宽度及厚度，对有缺口试样，d 为除去缺口部分所余的厚度。从刻度盘上读出的数值，是冲击试样所消耗的功，这里面也包括了样品的"飞出功"，以关系式表示为：

$$WL(1-\cos\alpha) = WL(1-\cos\beta) + A + A_\alpha + A_\beta + \frac{1}{2}mV^2$$

式中，W 为摆锤重；L 为摆锤摆长；α，β 分别为摆锤冲击前后的扬角；A 为冲击试样所耗功；A_α，A_β 分别为摆锤在 α，β 角度内克服空气阻力所消耗的功；$\frac{1}{2}mV^2$ 为"飞出功"。

一般认为后三项可以忽略不计，因而可以简写成：

$$A = WL(\cos\beta - \cos\alpha)$$

对于一固定仪器，α, W, L 均为已知，因而可据 β 的大小，绘制出读数盘，直接读出冲击试样所耗功。实际上，飞出功部分因试样情况不同，试验仪器情况不同而有较大差别，有时甚至占读数 A 的 50%。脆性材料，飞出功往往很大，厚样品的飞出功亦比薄样大。因而测试情况不同时，数值往往难以定量比较，只适宜同一材料在同一测定条件下的比较。

试样断裂所吸收的能量部分，表面上似乎是面积现象，实际上它涉及参加吸收冲击能的体积有多大，是一种体积现象。若某种材料在某一负荷下（屈服强度）产生链段运动，因而使参与承受外力的链段数增加，即参加吸收冲击能的体积增加，则它的冲击强度就大。

脆性材料一般多为劈面式断裂，而韧性材料多为不规整断裂，断口附近会发白，涉及的体积较大。若冲击后韧性材料不断裂，但已破坏，则抗冲强度以"不断"表示。

因为测试在高速下进行，杂质、气泡、微小裂纹等影响极大，所以对测定前后试样情况需进行认真观察。

三、试剂与仪器

（一）试剂

聚丙烯、聚氯乙烯样条。

（二）仪器

XCJ-50 型冲击实验机。

(1)试样长 120 mm±2 mm，宽 15 mm±0.2 mm，厚 10 mm±0.2 mm。缺口试样：缺口深度为试样厚度的 1/3，缺口宽度为 2 mm±0.2 mm，缺口处不应有裂纹。

(2)每个样品样条数不少于 5 个。

(3)单面加工的试样，加工面朝冲锤，缺口试样，缺口背向冲锤，缺口位置应与冲锤对准。

(4)热固性材料在 25℃±5℃，热塑性塑料在 25℃±2℃，相对湿度为 65%±5% 的条件下放置不少于 16 h。

(5)凡试样不断或断裂处不在试样三等分中间部分或缺口部分，该试样作废，另补试样。

四、实验步骤

1.据材料及选定试验方法，装上适当的摆锤（50 J、30 J、15 J、7 J、5 J）。

2.检查和调整被动指针的位置，使摆锤在铅垂位置时主动指针与被动指针靠紧,指针指示的位置与最大指标值相重合。

3. 空击试验:以检查指针装配是否良好,空击值误差应在规定范围内。

4. 根据实际需要,调整支承刀刃的距离为 70 mm 或 40 mm。

5. 检查零点,且每做一组试样校准一次。

6. 放置样品。试样放置在托板上,其侧面应与支承刀刃靠紧。若带缺口的试样,应用 0.02 mm 的游标卡尺找正缺口在两支承刀刃的中心。

7. 测量试样中间部位的宽度和厚度,准确至 0.05 mm,缺口试样测量缺口的剩余厚度。

8. 冲击试验:上述完成后,可放摆试验,冲击后,从刻度盘上记录冲断功的数值。

五、结果处理

1. 观察并记录材料断裂面情况。

2. 据冲断功计算冲击强度,算出各试样的平均值进行试样间比较。

实验二十四　聚合物的热谱图分析

在等速升温(降温)的条件下,测量试样与参比物之间的温度差随温度变化的技术称为差热分析(Differential Thermal Analysis, DTA)。试样在升(降)温过程中,发生吸热或放热,在差热曲线上就会出现吸热或放热峰。试样发生力学状态变化时(如玻璃化转变),虽无吸热或放热,但比热有突变,在差热曲线上是基线的突然变动。试样对热敏感的变化能反映在差热曲线上。发生的热效大致可归纳为:

(1)发生吸热反应。结晶熔化、蒸发、升华、化学吸附、脱结晶水、二次相变(如高聚物的玻璃化转变)、气态还原等。

(2)发生放热反应。气体吸附、氧化降解、气态氧化(燃烧)、爆炸、再结晶等。

(3)发生放热或吸热反应。结晶形态转变、化学分解、氧化还原反应、固态反应等。

用 DTA 方法分析上述这些反应,不反映物质的重量是否变化,也不论是物理变化还是化学变化,它只能反映出在某个温度下物质发生了反应,具体确定反应的实质还得要用其他方法(如光谱、质谱和 X 光衍射等)。

由于 DTA 测量的是样品和基准物的温度差,试样在转变时热传导的变化是未知的,温差与热量变化比例也是未知的,其热量变化的定量性能不好。在 DTA 基础上增加一个补偿加热器而成的另一种技术是差示扫描量热法(Differential Scanning Calorimetry, DSC)。因此 DSC 直接反映试样在转变时的热量变化,便于定量测定。

DTA、DSC 广泛应用于以下领域：

(1)研究聚合物相转变,测定结晶温度 T_c、熔点 T_m、结晶度 X_D。结晶动力学参数。

(2)测定玻璃化转变温度 T_g。

(3)研究聚合、固化、交联、氧化、分解等反应,测定反应热、反应动力学参数。

一、实验目的

1. 了解 DTA,DSC 的原理。

2. 掌握用 DTA,DSC 测定聚合物的 T_g,T_c,T_m,X_D。

二、实验原理

(一)DTA

图 1-29 是 DTA 的示意图。通常由温度程序控制、气氛控制、差热放大、显示记录等部分所组成。比较先进的仪器还有数据处理部分。温度程序控制是使试样在要求的温度范围内进行温度控制,如升温、降温、恒温等,它包括炉子(加热器、制冷器等)、控温热电偶和程序温度控制器。气氛控制是为试样提供真空、保护气氛和反应气氛,它包括真空泵、充气钢瓶、稳压阀、稳流阀、流量计等。交换器是由同种材料做成的一对热电偶,将它们反向串接,组成差示热电偶,并分别置于试样和参比物盛器的底部下面,示差热电偶的电压信号,加以放大后送到显示记录。

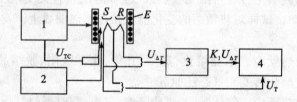

S:试样;U_{TC}:由控温热电偶送出的毫伏信号;R:参比物;U_T:由试样下的热电偶送出的信号;E:电炉;$U_{\Delta T}$:由差示热电偶送出的微伏信号

1—温度程序控制器;2—气氛控制;3—差热放大器;4—记录仪

图 1-29　DTA 示意图

参比物应选择那些在实验温度范围内不发生热效应的物质,如 α-Al_2O_3、石英粉、MgO 粉等,它的热容和热导率与样品应尽可能相近,当把参比物和试样同置于加热炉中的托架上等速升温时,若试样不发生热效应,在理想情况下,试样温度和参比物温度相等,$\Delta T = 0$,示差热电偶无信号输出,记录仪上记录温差的笔仅划一条直线,称为基线。另一支笔记参比物温度变化。而当试样温度上升到某一温度发生热效应时,试样温度与参比物温度不再相等,$\Delta T \neq 0$,差示热电偶有信号输出,这时就偏离基线而划出曲线。ΔT 随温度变化的曲线即 DTA 曲线。温差 ΔT 作纵坐标,吸热峰向下,放热峰向上。炉子的温度 T_w 以一定的速度变化,基准物的温度 T_r 在 $t=0$ 时与 T_w 相等。但当 T_w 开始随时间增加时,由于基准物与容器有热容 C_r,发生一定的滞后;试样温度 T_s 也相同,不同的热容,滞后的时间也不同,T_w,T_r,T_s 之间出现差距,在试样不发生任何热变化时 ΔT 呈定值,如图 1-30 所示。其值与热容、热导和升温速

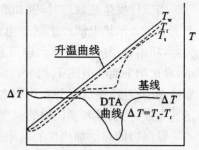

图 1-30 T_w,T_r,T_s 的升温曲线
与 DTA 的理想曲线

度有关。而热容、热导又随温度的变化而变化,这样,在整个升温过程中基线会发生不同程度的漂移。

在 DTA 曲线上,由峰的位置可确定发生热效应的温度,由峰的面积可确定热效应的大小,峰面积 A 是和热效应 ΔQ 成正比

$$\Delta Q = K\int_{t_1}^{t_2} \Delta T \mathrm{d}t = KA \tag{1}$$

比例系数 K 可由标准物质实验确定。由于 K 随着温度、仪器、操作条件而变,因此 DTA 的定量性能不好;同时,为使 DTA 有足够的灵敏度,试样与周围环境的热交换要小,即热导系数不能太大,这样当试样发生热效应时才会有足够大的 ΔT。但因此热电偶对试样热效应的响应也较慢,热滞后增大,峰的分辨率差,这是 DTA 设计原理上的一个矛盾。

（二）DSC

差示扫描量热法（DSC）与差热分析（DTA）在仪器结构上的主要不同是 DSC 仪器增加一个差动补偿放大器,样品和参比物的坩埚下面装置了补偿加热丝,见图 1-31。

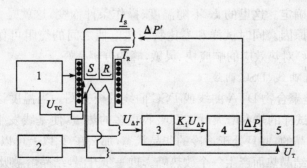

1—温度程序控制器；2—气氛控制；3—差热放大器；4—功率补偿放大器；5—记录仪
图 1-31 功率补偿式 DSC 示意图

当试样发生热效应时，譬如放热，试样温度高于参比物温度，放置在它们下面的一组差示热电偶产生温差电势 $U_{\Delta T}$，经差热放大器放大后进入功率补偿放大器，功率补偿放大器自动调节补偿加热丝的电流。使试样下面的电流 I_S 减小，参比物下面的电流 I_R 增大，而(I_S+I_R)保持恒定值。降低试样的温度，增高参比物的温度，使试样与参比物之间的温差 ΔT 趋于零。上述热量补偿能及时、迅速完成，使试样和参比物的温度始终维持相同。

设两边的补偿加热丝的电阻值相同，即 $R_S=R_R=R$，补偿电热丝上的电功率为 $P_S=I_S{}^2R$ 和 $P_R=I_R{}^2R$。当样品无热效应时，$P_S=P_R$；当样品有热效应时，P_S 和 P_R 之差 ΔP 能反映样放（吸）热的功率：

$$\Delta P=P_S-P_R=(I_S{}^2-I_R{}^2)R=(I_S+I_R)(I_S-I_R)R=(I_S+I_R)\Delta U=I\Delta U \quad (2)$$

由于总电流 $I_S+I_R=I$ 为恒定值，所以样品放（吸）热的功率 ΔP 只与 ΔV 成正比。

记录 $\Delta P(I\Delta U)$ 随温度 T（或 t）的变化就是试样放热速度（或吸热速度）随 T（或 t）的变化，这就是 DSC 曲线。在 DSC 中，峰的面积是维持试样与参比物温度相等所需要输入的电能的真实量度，它与仪器的热学常数或试样热性能的各种变化无关，可进行定量分析。

DSC 曲线的纵坐标代表试样放热或吸热的速度，即热流速度，单位是 mJ·s^{-1}，横坐标是 T（或 t），同样规定吸热峰向下，放热峰向上。试样放热或吸热的热量为

$$\Delta Q=\int_{t_1}^{t_2}\Delta P'\mathrm{d}t \quad (3)$$

式（3）右边的积分就是峰的面积，峰面积 A 是热量的直接度量，也就是 DSC 是直接测量热效应的热量。但试样和参比物与补偿加热丝之间总存在热阻，补偿的热量有些漏失，因此热效应的热量应是 $\Delta Q=KA$。K 称为仪器常数，可由标准物质实验确定。这里的 K 不随温度、操作条件而变，这就是 DSC 与 DTA 定量性能好的原因。同时试样和参比物与热电偶之间的热阻可作得尽可能的小，这就使 DSC 对热效应的响应快、灵敏，峰的分辨率好。

（三）DTA 曲线、DSC 曲线

图 1-32 是聚合物 DTA 曲线或 DSC 曲线的模式图。当温度达到玻璃化转变温度 T_g 时，试样的热容增大就需要吸收更多的热量，使基线发生位移。假如试样是能够结晶的，并且处于过冷的非晶状态，那么在 T_g 以上可以进行结晶，同时放出大量的结晶热而产生一个放热峰。进一步升温，结晶熔融吸热，出现吸热峰。再进一步升温，试样可能发生氧化、交联反应而放热，出现放热峰，最后试样则发生分解，吸热，出现吸热峰。当然并不是所有的聚合物试样都存在上述全部

物理变化和化学变化。

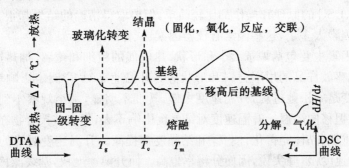

图 1-32 聚物的 DTA 和 DSC 曲线示意图

确定 T_g 的方法是由玻璃化转变前后的直线部分取切线,再在实验曲线上取一点,如图 1-33(a),使其平分两切线间的距离 Δ,这一点所对应的温度即为 T_g。T_m 的确定,对低分子纯物质来说,像苯甲酸,如图 1-33(b)所示,由峰的前部斜率最大处作切线与基线延长线相交,此点所对应的温度取作为 T_m。对聚合物来说,如图 1-33(c)所示,由峰的两边斜率最大处引切线,相交点所对应的温度取作为 T_m,或取峰顶温度作为 T_m。T_c 通常也是取峰顶温度。峰面积的取法如图 1-33(d,e)所示。可用求积仪或数格法、剪纸称量法量出面积。如果峰前峰后基线基本呈水平,峰对称,其面积以峰高乘半宽度,即 $A=h\times\Delta t_{\frac{1}{2}}$,见图 1-33(f)。

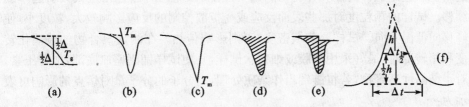

图 1-33 T_g,T_m 和峰面积的确定

(四)热效应的计算

有了峰(谷)的面积后就能求得过程的热效应。DSC 中峰(谷)的面积大小是直接和试样放出(吸收)的热量有关:$\Delta Q=KA$,系数 K 可用标准物确定;而仪器的差动热量补偿部件也能计算。

由 K 值和测试试样的重量、峰面积可求得试样的熔融热 ΔH_f($J\cdot mg^{-1}$)。若百分之百结晶的试样的熔融热 ΔH_{f*} 是已知的,则可按下式计算试样的结晶度:

$$结晶度\ X_D=\Delta H_f/\Delta H_{f*}\times100\%$$

(五)影响实验结果的因素

DTA、DSC 的原理和操作都比较简单,但要取得精确的结果却很不容易,因为影响的因素太多了,这些因素有仪器因素、试样因素。

仪器因素主要包括炉子大小和形状、热电偶的粗细和位置、加热速度、测试时的气氛、盛放样品的坩埚材料和形状等。升温速度对 T_g 测定影响较大,因为玻璃化转变是一松弛过程,升温速度太慢,转变不明显,甚至观察不到;升温快,转变明显,但移向高温。升温速度对结晶度影响不大,但有些聚合物在升温过程中会发生重组、晶体完善化,使 T_g 和结晶度都提高。升温速度对峰的形状也有影响,升温速度慢,峰尖锐,因而分辨率也高。而升温速度快,基线漂移大。一般采用 $10℃ \cdot min^{-1}$。在实验中,尽可能做到条件一致,才能得到重复的结果。

气氛可以是静态的,也可以是动态的。就气体的性质而言,可以是惰性的,也可以是参加反应的,视实验要求而定。对聚合物的玻璃化转变和相转变测定,气氛影响不大,但一般采用氮气,流量在 $30 \ mL \cdot min^{-1}$ 左右。

试样因素主要包括颗粒大小、热导性、比热、填装密度、数量等。在固定一台仪器的情况下,仪器因素中起主要作用的是加热速度,样品因素中主要影响其结果的是样品的数量,只有当样品量不超过某种限度时峰面积和样品量才呈直线关系,超过这一限度就会偏离线性。增加样品量会使峰的尖锐程度降低,在仪器灵敏度许可的情况下,试样应尽可能的少。在测 T_g 时,热容变化小,试样的量要适当多一些。试样的量和参比物的量要匹配,以免两者热容相差太大引起基线漂移。试样的颗粒度对那些表面反应或受扩散控制的反应影响较大,粒度小,使峰移向低温方向。试样要装填密实,否则影响传热。在测定聚合物的玻璃化转变和相转变时,最好采用薄膜或细粉状试样,并使试样铺满盛皿底部,加盖压紧。对于结晶性高聚物,若将链端当作杂质处理,高分子的分子量对熔点的影响可表示为:

$$\frac{1}{T_m} - \frac{1}{T_m^0} = \frac{R}{\Delta H_u} \frac{2}{P_n}$$

式中,P_n 为聚合度,ΔH_u 与结晶状态的性质无关,测定不同分子量结晶高聚物的 T_m,以 T_m 对 $\frac{1}{M}$ 作图,可求出平衡熔点 T_m^0。

三、试剂与仪器

试剂:聚乙二醇、涤纶等样品。

仪器:差示量热扫描仪、SHIMADZU TA50 型 DSC。

四、实验步骤

1. 开冷却水,通氮气。

2.依次开启变压器、炉子、DSC、计算机电源。

3.对样品进行预处理及称量(清除热历史及除水)。

4.装料。右边放样品,左边放参比物或放空盘及盖玻片。

5.DSC 的软件中进入 TAMENU,→TA acquisition→INFORMATION(设定坩埚及气氛)→PARAMETERS(设定最高温度及升温速率)→START。

6.降温,以便下一步测定。

7.测定 PET 得 DSC 曲线,分析 T_g,T_c 和 T_m。

8.每组测定一种分子量的聚乙二醇样品,分析 T_m,利用各组数据,画出 $\frac{1}{T_m}$—$\frac{1}{M}$曲线,外推求平衡熔点。

五、思考题

1.差动热分析(DSC)的基本原理是什么? 在聚合物的研究中有哪些用途?

2.DSC 中如何求过程热效应?

实验二十五　聚合物玻璃化温度测定

高聚物的玻璃化转变是在观察时间范围内,高分子链段的运动由冻结状态向解冻状态的转变,这时的温度称为玻璃化温度(T_g)。

由于在同样的测定条件下,各种高聚物的 T_g 不同,而且对于同一高聚物而言,在 T_g 前后高聚物的力学性质也完全不同。因此玻璃化温度是高聚物的一个重要参数。测量 T_g,研究聚合物的玻璃化转变现象有着重要的理论和实际意义。

一、实验目的

1.掌握用膨胀计测定 T_g 的方法。

2.了解升温速率对 T_g 的影响。

二、实验原理

玻璃化转变的实质是非晶态高聚物(包括结晶高聚物中的非晶相)链段运动被冻结的结果。因此,当高聚物发生玻璃化转变时,其物理和力学性能必然有急剧的变化,如形变、模量、比容、比热、热膨胀系数、导热系数、折光指数、介电常数等都表现出突变或不连续的变化。根据这些性能的变化,不仅可以测定高聚物的玻璃化温度,而且有助于理解玻璃化转变的实质。其中以高聚物的比容在玻璃化温度时的变化具有特别的重要性。曲线的斜率 dv/dT 是体积膨胀率。曲线斜率发生转折所对应的温度就是玻璃化温度 T_g,有时实验数据不产生尖锐的转折,通常是将两根直线延长,取其交点所对应的温度作为 T_g。实验证明,T_g 具有速率依赖性,如果测试时冷却或升温速率越快,则所测得的 T_g 越高。这表明玻璃化转变是一种松弛过程。由 $\tau = \tau_0 e^{\Delta H/RT}$ 可知,链段的松弛时间与温度成反比,即温度越高,松弛时间越短。在某一温度下,高聚物的体积具有一个平衡值,即平衡体积。当冷却到另一温度时,体积将作相应的收缩(体积松弛),这种收缩显然要通过分子构象的调整来实现。因此需要时间,显然,温度越低,体积收缩速率越小。在高于 T_g 的温度上,体积收缩速率大于冷却速率,在每一温度下,高聚物的体积都可以达到平衡值。当高聚物冷却到某一温度时,体积收缩速率和冷却速率相当。继续冷却,体积收缩速率已跟不上冷却速率,此时试样的体积大于该温度下的平衡体积值。因此,在比容温度曲线上将出现转折,转折点所对应的温度即为这个冷却速率下的 T_g。显然冷却速率越快,要求体积收缩速率也越快(即链段运动的松弛时间越短),因此,测得的 T_g 越高,另一方面,如冷却速率慢到高聚物试样能建立平衡体积,则比容-温度曲线上不出现转折,即不出现玻璃化转变。

三、试剂与仪器

试剂:涤纶树脂颗粒,乙二醇(EG)。

仪器:低型烧杯 1 个,秒表 1 只,膨胀计(安培瓶、毛细管)1 套,KDM 调温电热套 1 个,温度计(0~100℃)1 支。

四、实验步骤

1.洗净膨胀计,烘干。装入 PET 颗粒至安培瓶的 4/5 体积。

2.在安培瓶中加入乙二醇作指示液,用玻璃棒搅动,使瓶内无气泡。

3.用乙二醇将安培瓶装满,插入毛细管,液柱即沿毛细管上升,磨口接头用橡皮筋固定,用滤纸擦去溢出的液体。如果发现管内有气泡必须重装。

4.将装好的膨胀计固定在夹具上,让安培瓶浸入水浴中,毛细管伸出水浴以便读数。

5.接通电源,控制水浴升温速率为 1℃·min^{-1},每升高 5℃读毛细管内液面高度一次,在 55℃~80℃每升高 2℃或 1℃读一次液面高度,直至 90℃为止。

6.充分冷却膨胀计,再在 2℃·min^{-1} 的条件下,重复读数。

五、数据处理

样品名称:

温度/℃				······
毛细管液面高度/mm				······

以毛细管液面高度对温度作图,求出不同升温速率下的 T_g。

六、思考题

1. 用自由体积理论解释玻璃化转变过程。
2. 升温速率对 T_g 有何影响?为什么?
3. 玻璃化温度是不是热力学转变温度?为什么?

实验二十六 高聚物熔体流动特性的测定

一、实验目的

1. 了解高聚物流体的流动特性。
2. 掌握用毛细管流变仪测定高聚物熔体流动特性的实验方法和数据处理方法。

二、实验原理

高聚物熔体(或浓溶液)的流动特性,与高聚物的结构、相对分子量及相对分子质量分布、分子的支化和交联有密切的关系。了解高聚物熔体的流动特性对于选择加工工艺条件和成型设备等具有指导性意义。高聚物流体多属非牛顿流体,不同类型的流变曲线如图 1-34 所示,并可用式(1)表示它们之间的关系。

$$D=(\sigma-\sigma_y)^n/\eta \qquad (1)$$

式中,D 为切变速率,也可用 $\mathrm{d}\gamma/\mathrm{d}t$ 表示;γ 是应变;σ 是切应力;σ_y 是屈服切应力;n 为非牛顿指数;η 是黏度。当 $n=1,\sigma_y=0$ 时,式(1)就变成牛顿黏性流动定律:

$$D=\sigma/\eta \qquad (2)$$

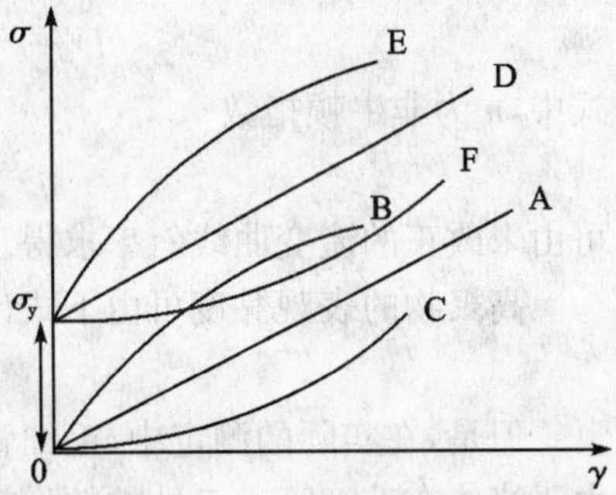

用毛细管流变仪可以方便地测定高聚物的熔体的流动曲线。高聚物熔体在一个无限长的圆管中稳流时,可以认为流体某一体积单元(其半径为 r,长为 l)上承受的液柱压力与流体的黏滞阻力相平衡,即

$$\Delta p(\pi r^2)=\sigma(2\pi rl) \qquad (3)$$

式中,Δp 为此体积单元流体所受压力差。σ 为切应力。

A:牛顿流体;B:假塑性流体;C:胀塑性流体;D:宾汉塑性流体;E:屈服-假塑性流体;F:屈服-胀塑性流体

图 1-34 各种不同流体的流变曲线

$$\sigma=\Delta p\cdot r/2l \qquad (4)$$

当压力梯度一定时,σ 随 r 增大而线性增大。在管壁处,即 $r=R$ 时,管壁切

应力

$$\sigma_w = \Delta p \cdot R / 2L \tag{5}$$

式中，R 和 L 是毛细管的半径和长，Δp 为流体流过毛细管长度 L 时所引起的压力降。

牛顿流体在毛细管中流动时，具有抛物线状的速度分布曲线。其平均流动线速度

$$\nu = \Delta p R^2 / 8L\eta \tag{6}$$

在 r 处的切变速率 D 为

$$D = -d\nu / dr = \Delta p \cdot \gamma / 2L\eta \tag{7}$$

对 r 积分(边界条件 $r=R$ 时，$\upsilon=0$)可得流体的流动线速度 $V(r)$ 方程

$$V(r) = (\Delta p R^2 / 4PL)[1-(r/R)^2] \tag{8}$$

式(8)对截面积分可得体积流速(Q)

$$Q = \int_0^R V(r) 2\pi r dr = \pi R^4 \cdot \Delta p / 8\eta L \tag{9}$$

由此可得著名的哈根-泊肃尔(Hagen-Poiseuille)的黏度方程

$$\eta = \pi R^4 \cdot \Delta p / 8QL \tag{10}$$

在毛细管壁处($r=R$)的切变速率

$$D_w = (d\nu / dr) = \Delta p \cdot R / 2\eta L = 4Q / \pi R^4 \tag{11}$$

但高聚物流体一般不是牛顿流体，需作非牛顿改正，经推导得：

$$D_w^{改正} = D_w \cdot (3n+1)/4n \tag{12}$$

式中，n 为非牛顿指数

$$n = d\log\sigma_w / d\log D_w \tag{13}$$

可由未改正的流变曲线斜率求得。

高聚物的表观黏度可由下式计算

$$\eta_a = \sigma_w / D_w^{改正} \tag{14}$$

但是，在实际的测定中，毛细管的长度都是有限的，故式(4)应修正。同时，由于流体在毛细管入口处的粘弹效应，使毛细管的有效长度变长，也需对管壁的切应力进行改正，这种改正叫做入口改正。常采用 Bagley 校正：

$$\sigma_w^{改正} = \Delta p / 2(L/R+e) \tag{15}$$

式中，e 即为是 Bagley 校正因子。e 的测定方法为在恒定切变速率下测定几种不同长径比($L/2R$)的毛细管的压力降 Δp，然后把 $\Delta p - L/R$ 曲线外推至 $\Delta p=0$，便可得到 e 值。比较式(5)与(15)可得：

$$\sigma_w^{改正} = \sigma_w / (1+Re/L) \tag{16}$$

一般毛细管较短时，入口效应不可忽略，当 L/R 增大(例如对于聚丙烯

$L/2R=4.0$)时,则入口改正可忽略不计。

三、试剂与仪器

试剂:聚苯乙烯,聚丙烯,涤纶(均为粒料)。

仪器:XLY-Ⅱ型流变仪,毛细管($R=0.25$ mm,$L=36$ mm;$R=0.5$ mm,$L=40$ mm)。

四、实验步骤

(一)试样处理

1.试样在测定流动曲线前先进行真空干燥 2 h 以上[1],以除去水分及其他挥发性杂质。

2.流动速率曲线的测定:

①选择适当长径比的毛细管,从料筒下面旋上料筒中,并从料筒上面放进柱塞。

②按照 XLY-Ⅱ型流变仪使用说明书接通控制器及记录仪的电源。

③选择实验温度(本实验依试样不同可选择 190℃,230℃,260℃,290℃)和升温速度。

④待温度恒定后,从料筒中取出柱塞,放入约 2 g 试样,放进柱塞,并使压头压紧柱塞。恒温 10 min 后加压,记录流变速率曲线。

⑤改变负荷,重复上述操作。每个温度共做 5～6 个不同负荷下的流变速率曲线。再改变温度,重复上述操作[2]。

⑥实验结束后,停止加热。趁热卸下毛细管,并用绸布擦净毛细管及料筒[3]。

五、数据处理

(一)σ_w,δ_w,D_w 及 η_a 的计算

记录仪记录的是如图 1-35 的流动速率曲线,横坐标是柱塞下降量(柱塞下降全程 2 cm,记录笔移动记录纸 25 格)。柱塞下降所花费的时间,可由记录仪走纸速度 v 及走纸距离 a 计算,用直尺量得 a,b 的数值

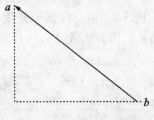

图 1-35　流动速率曲线

---

① 水分使熔体产生气泡,影响流动过程,同时水还会引起降解。对缩聚物如涤纶尤其显著,因此,对于涤纶需要真空干燥 4 h 以上。

② 每次放新高聚物时,应将料筒擦干净,因为残存的高聚物受热可能会降解。熔体黏度已发生变化。

③ 只能使用棉纱、绸布等柔软且耐热的东西擦净料筒,注意不要刮损料筒。

（以 cm 表示），则柱塞位移量为

$$\Delta n = 2 \times b/25 \text{(cm)} \tag{17}$$

时间为

$$\Delta t = a/v \text{(s)} \tag{18}$$

挤出速度为

$$V = \Delta n/\Delta t \text{(cm} \cdot \text{s}^{-1}\text{)}$$

因为柱塞头横截面积 $s = 1 \text{ cm}^2$，故熔体的体积流速为

$$Q = V \cdot S = (\Delta n/\Delta t) \cdot S \text{(cm}^3 \cdot \text{s}^{-1}\text{)} \tag{19}$$

代入式(11)可求出 D_w。再由式(5)计算 σ_w，由式(13)计算出非牛顿指数 n 后，再由式(12)计算 D_w 及由式(14)计算表观黏度 η_a。

（二）绘制流动曲线

①绘制 $\lg\sigma_w$-$\lg D_w$ 及 $\lg\eta_a$-$\lg D_w$ 双对数流动曲线，并从曲线的形状讨论高聚物试样的流动类型（注意：图上应标明测试温度及所用毛细管的长径比）。

②在各种温度的 $\lg\eta_a$-$\lg D_w$ 曲线图中，从某相同的切变速率下读取 η_a 值。再绘制等切变速率下的 $\lg\eta_a$-$1/T$ 关系曲线，并依式(20)从直线的斜率计算该试样的表观黏流活化能 ΔE_η。

$$\log\eta_a = \log A + \Delta E_\eta/RT \tag{20}$$

六、思考题

1. 如何从流动曲线上求出零剪切黏度 η_0 并讨论 η_0 与聚合物分子参数的关系。

2. 测定表观黏流活化能 $\Delta E\eta$ 有何意义？

七、注释

切应力的法定单位为 Pa，切变速率的单位为 S^{-1}，表观黏度的法定单位为 $\text{Pa} \cdot \text{s}$。但此仪器原使用单位，ΔP 为 $\text{kg} \cdot \text{cm}^{-2}$，$L$ 为 cm，R 为 cm，Q 为 $\text{cm}^3 \cdot \text{s}^{-1}$，因此由式(5)，(11)及(14)计算得 σ_w，D_w 及 η_a 的单位及其转换为：

σ_w：$\text{kgf} \cdot \text{cm}^{-2}$ 或 $\text{dyn} \cdot \text{cm}^{-2}$

$1 \text{ kgf} \cdot \text{cm}^{-2} = 9.800 \times 10^4 \text{ Pa}$ 或 $1 \text{ dyn} \cdot \text{cm}^{-2} = 0.1 \text{ Pa}$

D_w：s^{-1}

η_a：$\text{kgf} \cdot \text{s} \cdot \text{m}^{-2}$ 或 P(泊)，$1 \text{ kgf} \cdot \text{s} \cdot \text{m}^{-2} = 9.806 \text{ Pa} \cdot \text{s}$ 或 $1 \text{ P} = 0.1 \text{ Pa} \cdot \text{s}$。

实验二十七　热塑性塑料热性能测定

无定形高聚物在较低温度时，整个分子链和链段只能在平衡位置上振动，此时，聚合物很硬，像玻璃一样，加上外力只能产生较小的变形，除掉外力，又恢复原状，这时聚合物是处于玻璃态。当温度升高到某一温度，整个分子链相对其他

分子来说仍然不能运动,但分子内各个链段可以运动,通过链段运动,分子可以改变形状,在外力作用下,高聚物可以发生很大变形,这时高聚物处于高弹态。再继续升温,高聚物整个分子链都可以发生位移,高聚物成为可以流动的黏稠状,称为黏流态。

各种塑料在高温作用下,所发生的变化是不同的,温度在很大的程度上影响着塑料各方面的性质。为了测量塑料随着温度上升而发生的变形,确定塑料的使用温度范围,设计了各种各样的仪器,规定了许多试验方法。最常用的是"马丁耐热试验方法"、"维卡软化点试验方法"、"热变形温度试验方法"。这些方法所测定的温度,仅仅是该方法规定的载荷大小、施力方式、升温速度下到达规定的变形值的温度,而不是这种材料的使用温度上限。

一、实验目的

1. 了解热塑性塑料热性能测定的基本原理。
2. 掌握热塑性塑料热性能测定方法。
3. 正确使用热变形、维卡软化点温度测定仪。

二、实验原理

(一)软化点的测定

维卡软化点温度指在特定的均匀升温速度条件下,施加特定的负载后,横截面积 1 mm^2 平头针刺入塑料试样中 1 mm 时的温度。

如图 1-36 为维卡软化点试验原理图。将被测试样装在顶针下面,载荷杆与其垂直,放入热载体硅油中,装好百分表,然后用选定的升温速度开始升温,用百分表读取针头垂直压入试样的深度,当该深度达到 1 mm 时,读取此时的温度即为维卡软化点温度。

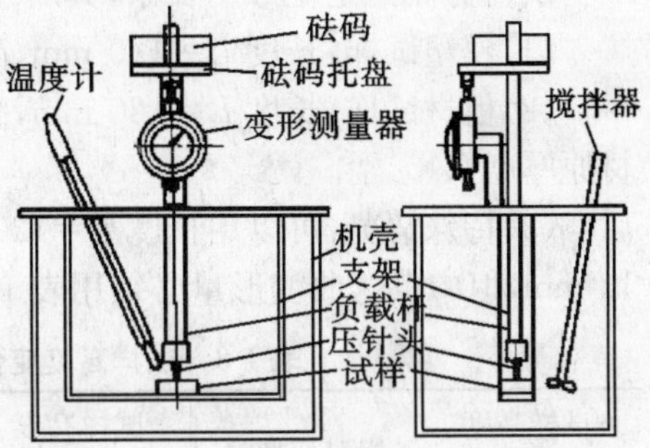

图 1-36 维卡软化点试验原理示意图

(二)热变形温度的测定

热变形温度是衡量高分子材料的耐热性的主要指标之一,而所测定的热变形温度,仅仅是该方法规定的载荷大小、施力方式、升温速度下到达规定的变形值的温度,而不是这种材料的使用温度上限。

如图 1-37 为负荷热变形温度实验原理图,把一个具有一定尺寸要求的矩形试样,放在跨度为 100 mm 的支座上,并在两支座的中心处,施加规定的负荷,形成三点式简支梁静弯曲,负荷力的大小,必须使试样形成规定的表面弯曲应力,把承受载荷的试样浸在导热的液体介质中,以恒定的升温速率升温,当试样中点的变形量达到与试样高度相对应的规定值时,就是材料负荷热变形温度。

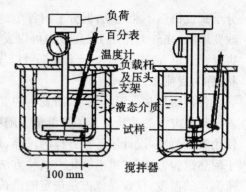

图 1-37 热变形温度试验原理示意图

三、试样要求

1.维卡软化点测定试样的要求:

(1)试样厚度应为 3～6 mm,宽和长至少为 10 mm×10 mm,或直径大于 10 mm。

(2)模塑试样厚度为 3～4 mm。

(3)板材试样厚度取板材原厚,但厚度超过 6 mm 时,应在试样一面加工成 3～4 mm。如厚度不足 3 mm 时,则可以多层叠合,但至多不超过 3 块,叠合成厚度大于 3 mm 时,方能进行测定。

(4)试样的支撑面和侧面应平行,表面平整光滑,无气泡,无锯齿痕迹、凹痕或飞边等缺陷。

每组试样为 3 个。

2.热变形温度测定试样的要求:

试样为截面是矩形的长条,其尺寸规定如下:

(1)模塑试样:长度 $L=120$ mm,高度 $h=15$ mm,宽度 $b=10$ mm;

(2)板材试样:长度 $L=120$ mm,高度 $h=15$ mm,宽度 $b=3～13$ mm(取板材原厚度);

(3)特殊情况:可以用长度 $L=120$ mm,高度 $h=9.8～15$ mm,宽度 $b=3～13$ mm,但中点弯曲变形量必须用表 1-8 规定的值。

表 1-8 试样高度变化时相应变形量的变化表

试样高度 h/mm	相对变形量	试样高度 h/mm	相对变形量	试样高度 h/mm	相对变形量
9.8～9.8	0.33	11.5～11.9	0.28	13.8～14.1	0.23
10.0～10.3	0.32	12.0～12.3	0.27	14.2～14.6	0.22
10.4～10.6	0.31	12.4～12.7	0.26	14.7～15.0	0.21
10.7～10.9	0.30	12.8～13.2	0.25		
11.0～11.4	0.29	13.3～13.7	0.24		

四、实验仪器

XWB-300F 热变形、维卡软化点温度测定仪。

五、实验步骤

1. 根据实验类型选择试验压头,热变形为圆角(R_3)压头,维卡为针型压头。将压头安装在试样架负载杆下端,将顶丝拧紧。

2. 选择试样:

(1)热变形选择条形试样,并将各试样的长、宽、高的数据记录下来备用。

(2)维卡软化点试样选择片状试样,厚度在 3～6 mm,长和宽要大于 10 mm×10 mm 或直径大于等于 10 mm 的圆盘。

3. 试样的安装:开起试样架,放入试样后,落下负载杆,降下试样架。

4. 打开计算机,双击桌面上的 XWB-300E(F)图标,并按照提示进入本系统的试验管理界面。

5. 进入试验管理界面后,即可对该试验的各项指标进行选择或输入试验数据。

(1)选择试验的试验架号,不选的试验架,将试验架前端的"复选框"关闭即可。

(2)对试验类型的选择:根据试验要求选择试验类型(热变形或维卡软化点),其中热变形的升温速率为 120℃ · h^{-1},维卡软化点的升温速率为 50℃ · h^{-1}。然后双击"热变形"(或维卡软化点),需要对每一个选中的试验架的跨距 L、试样的宽度 b、试样高度 d 输入准确的数据,单击试样砝码质量,计算机自动计算试验所需负荷质量(kg),每个试验架的数据全部输入完后,单击"返回"按钮,再单击"是(Y)"按钮,即可退出试验数据输入窗口,维卡软化点的数据和热变形的基本相同,可根据提示输入。

(3)负荷的加载:根据计算结果选取适当的砝码,一一对应地放置于试验架的砝码托盘上,需要盒装砝码时,要平衡地放于顶部,对于试验所需的砝码质量也可通过计算公式进行校验。

①热变形试验负荷的计算公式为:

$$F = 2\sigma bd^2 / 3L$$

式中,F 为所需的负荷力,N;σ 为标准规定的弯曲应力,即 A 法:1 800 kPa,B 法:450 kPa;b:试样宽度,m;h 为试样高度,m;L 为试验架两支点间的距离,m,即试验架跨距。

②维卡试验:有两种规定的负荷,即 A 法:9.81 N(即选配 1 kg 的砝码),B 法:49.05 N(即选配 5 kg 的砝码)。

本仪器出厂时,负载杆和压头的质量为 80 g,托盘的质量为 35.35 g,传感器带有压簧的话,其负载力 70 g 左右。

(4)变形量的选择:单击最大变形量,根据试验要求的变形量,输入准确的变形值。其中热变形试验的默认值为 0.25 mm,维卡试验的默认值为 1.00 mm。若其默认值与试验要求相符,可不对该数据输入。

(5)上限温度设定:根据试验的理论值,选取适当的上限温度进入输入,系统默认值为 300℃。

(6)试验架调零:以上信息输入后,即可对试验架调零。

(7)试验开始:当以上工作正确以后,单击"试验开始"按钮,试验正式开始,界面上将会有试验类型(热变形或维卡软化点试验)、初始温度、上限温度、升温速率(50℃ · h^{-1} 或 120℃ · h^{-1})、实际温度(实时显时的温度)。试验过程中,还未做完试验,想退出试验,可选择试验菜单下的返回按钮,返回到用户试验界面,再选择"复位"按钮,确定或选择"退出系统"来退出系统。

当试验完成或达到上限温度时,系统会发出报警,可选择试验菜单下的"消音"按钮来解除报警。同时右上角的实际温度会消失。

6.打印试验曲线或试验报告:

(1)打印试验曲线:试验完成后,选择试验菜单下的"打印"按钮,即可打印本次试验的温度、变形曲线。

(2)打印试验报告:先将界面返回到试验管理界面,选择历史数据按钮,日期、次数窗口输入本次试验的日期、次数后(或者直接选择本次试验记录条),再选择打印报告。

六、数据处理

根据打印的试验曲线和试验报告,算出所测定的温度,并分析测定的误差。

七、思考题

1.热变形温度和维卡软化点有何区别?

2.热变形温度和维卡软化点对生产和使用有什么指导意义?

实验二十八　聚合物材料氧指数的测定

大部分高分子材料阻燃性非常不好,极易燃烧。评定高分子材料燃烧性可用燃烧速度和氧指数来表示。燃烧速度是用水平燃烧法或垂直燃烧法等测得。而采用氧指数测定高分子材料燃烧性,可精确地用具体数字来评价高分子材料的点燃性。

一、实验目的

1. 熟悉氧指数仪的组成、构造，掌握氧指数仪的工作原理及使用方法。
2. 测定某种塑料的燃烧性，并计算氧指数。

二、实验原理

氧指数法测定高分子材料燃烧性是指在规定的试验条件下(23℃±2℃)，在氧、氮混合气流中，测定刚好维持试样燃烧所需的最低氧浓度，并用混合气中氧含量的体积百分数表示。

本实验将高分子材料试样置于专用燃烧室中，通过气体测量和控制装置，测定进入燃烧室内维持高分子材料试样燃烧的氧气和氮气的体积流量，计算出混合气体中最低的氧气浓度。

三、试样要求

根据材料相应的标准和制备试样的 ISO 方法所规定的程序，模塑或切割出符合表 1-9 所列最宜试样型号规定尺寸的试样。试样表面清洁，没有影响燃烧行为的缺陷，例如模塑周边溢料或机加工毛刺。要注意试样与样品材料中某种不均匀性有关的位置和方位。

所取样品应至少能制备 15 根试样，如图 1-38 所示。

表 1-9 试样尺寸及燃烧方式

型号	长/mm		宽/mm		厚/mm		用途
	基本尺寸	极限偏差	基本尺寸	极限偏差	基本尺寸	极限偏差	
Ⅰ					4	±0.25	用于模塑材料
Ⅱ	80～150		10		10	±0.25	用于泡沫塑料
Ⅲ				±0.5	<10.5		用于原厚的片材
Ⅳ	70～150		6.5		3	±0.25	用于电器用模塑材料和片材
Ⅴ	140	−5	52		≤10.5		用于软片和薄膜等

注：①不同型式、不同厚度的试样，测试结果不可比。

②由于该项试验需反复预测气体的比例和流速，预测燃烧时间和燃烧长度，影响测试结果的因素比较多，因此每组试样必须准备多个(10 个以上)，并且尺寸规格要统一，内在质量密实度、均匀度特别要一致。

③试样表面清洁，无影响燃烧行为的缺陷，如应平整光滑、元气泡、飞边、毛刺等。

④对Ⅰ,Ⅱ,Ⅲ,Ⅳ型试样,标线划在距点燃端50 m处,对Ⅰ,Ⅱ,Ⅲ,Ⅳ型试样,标线划在距点燃端50 mm处,对Ⅴ型试样,标线划在框架上或划在距点燃端20 mm和100 mm处。

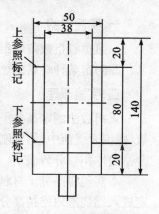

图 1-38   试样的框架结构

四、实验条件

1. A法:顶端表面燃点法。

在试样上端的顶表面使用点火器引发燃烧。使火焰的最低可见部分接触试样顶端并覆盖整个顶表面,勿使火焰碰到试样的棱边和侧表面。在确认试样顶端全部着火后,立即移去点火器,开始计时或观察试样烧掉的长度。点燃试样时,火焰作用的时间最长为30 s,若在30 s内不能点燃,则应增大氧浓度,继续点燃,直至30 s内点燃为止。

2. B法:扩散式点火法。

用点火器引起横过试样顶面并下达试样部分垂直表面的燃烧。充分降低和移动点火器,使火焰可见部分施加于试样顶表面,同时施加于垂直侧表面为6 mm长。点燃试样时,火焰作用时间最长为30 s,每隔5 s左右稍移开点火器观察试样,直至垂直侧表面稳定燃烧或可见燃烧部分的前锋到达上标线处,立即移动点火器,开始计时或观察试样燃烧长度。若30 s内不能点燃试样,则增大氧浓度,再次点燃,直至30 s内点燃为止。

注:①点燃试样是指引试样有焰燃烧,不同点燃方法的试验结果不可比。

②燃烧部分包括任何沿试样表面淌下的燃烧滴落物。

氧指数法测定高分子材料燃烧行为的评价准则见表1-10。

表 1-10   燃烧行为的评价准则

试样型号	点燃方式	评价准则(两者取一)	
		燃烧时间/s	燃烧长度
Ⅰ,Ⅱ,Ⅲ,Ⅳ	顶端点燃法	180	燃烧前锋超过上标线
Ⅰ,Ⅱ,Ⅲ,Ⅳ	扩散点燃法	180	燃烧前锋超过下标线
Ⅴ	扩散点燃法	180	燃烧前锋超过下标线

五、实验设备

XZT-100氧指数测定仪。

六、实验步骤

1. 在试样的宽面上距点火端 50 mm 处划一标线。

2. 取下燃烧筒的玻璃管,将试样垂直地装在试样夹上,装上玻璃管,要求试样的上端至筒顶的距离不少于 100 mm。如果不符合这一尺寸,应调节试样的长度,玻璃管的高度是定值。

3. 根据经验或试样在空气中点燃的情况,估计开始时的氧浓度值。对于在空气中迅速燃烧的试样,氧指数可估计为 18% 以上;对于在空气中不着火的,估计氧指数在 25% 以上。

4. 打开氧气瓶和氮气瓶,气体通过稳压阀减压达到仪器的允许压力范围。

5. 分别调节氧气和氮气的流量阀,使流入燃烧筒内的氧、氮混合气体达到预计的氧浓度,并保证燃烧筒中的气体的流速为 $4 \text{ cm} \cdot \text{s}^{-1} \pm 1 \text{ cm} \cdot \text{s}^{-1}$。

6. 让调节的气体流动 30 s,以清洗燃烧筒。然后用点火器点燃试样的顶部,在确认试样顶端全部着火后,移去点火器,立即开始计时,并观察试样的燃烧情况。

7. 若试样(50 mm 长)燃烧时间超过 3 min 或火焰步伐超过标线时,就降低氧浓度。若不是则增加氧浓度,如此反复,直到所得氧浓度之差小于 0.5%,即可按该时的氧浓度计算材料的氧指数。

七、数据处理

1. 按下列计算氧指数 $[OI]$

$$[OI] = \frac{[O_2]}{[O_2] + [N_2]} \times 100\%$$

式中,$[O_2]$ 为氧气流量,$L \cdot min^{-1}$;$[N_2]$ 为氮气流量,$L \cdot min^{-1}$。

2. 以三次实验结果的算术平均值作为该材料的氧指数,有效数字保留到小数点后一位。

八、思考题

1. 何谓材料的氧指数,叙述其测定原理。
2. 定性说明影响氧指数的因素。

九、注意事项

1. 试样表面状态、边缘飞边、毛刺对燃烧快慢有一定的影响。因毛刺和飞边特别容易引火而使燃烧速度加快。试验前可以轻轻锉去试样的锐边毛刺,以保证试样平稳燃烧。

2. 实验中,氧气和氮气流量的调节是保证试样燃烧平稳结果准确的关键。各压力表、稳压表必须定期检查,特别是稳压表,压力稳定性差的必须更换或修复。转子流量计气流的调节最好调至两者流量之和为整数 10,便于计算和观察对比。

3.试样点火前,燃烧筒应该接近室温,并且干净明亮,必须采用 2 个以上燃烧筒交替使用,以便冷却和清理筒内的黑炭。

4.燃烧时结碳严重的试样,有的一产生结碳,火焰很快熄火;有的却又能燃烧较长时间,往往同一种材料因结碳多少,而燃烧时间有较大差异。为缩小差异,在经过多次预试得出规律,确知对试验结果无影响后,可以在燃烧过程中一边把结碳从火焰上方用长钳移出。

实验二十九　光学解偏振光法测定聚合物的结晶速率

一、实验目的

1.了解光学解偏振光法测定聚合物结晶速率的原理。
2.掌握用 GJY-Ⅲ型结晶速率仪测定聚合物等温结晶速率的方法。

二、实验原理

处在熔融状态下的聚合物,其分子链是无序排列的,在光学上表现出各向同性,将其置于两个正交的偏振片之间,透射光强度为零;而聚合物晶区中的分子链是有序排列的,其在光学上是各向异性的,具有双折射性质,将其置于两个正交的偏振片之间时,透射光强度不为零,而且透射光的强度与结晶度成正比,透过的这一部分光称为解偏振光。因此,当置于两正交偏振片之间的聚合物样品,从熔融状态开始结晶时,随着结晶的进行,解偏振光(透射光)强度会逐渐增大。这样,通过测定透射光强度的变化,就可以跟踪聚合物的结晶过程,从而研究聚合物的结晶动力学,并测定其结晶速率。

如果在时刻 $0,t$ 和结晶完成时的解偏振光强度分别为 I_0,I_t 和 I_∞,则以 $\dfrac{I_\infty-I_t}{I_\infty-I_0}$ 对结晶时间作图,可得到如图 1-39 所示的等温结晶曲线。由曲线可知,解偏振光强度在结晶初期没有变化,这一段时期为诱导期,随后解偏振光强度迅速增加,之后解偏振光强度缓慢增加,最后,解偏振光强度变化极为缓慢。由于结晶终了时的时间难以确定,因此不能用结晶所需的全部时间来衡量结晶速率。而结晶完成一半时

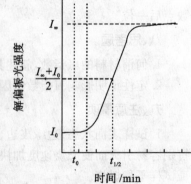

图1-39　光学解偏振法等温结晶曲线

所需的时间能较准确测定,因为在此点附近,解偏振光强度的变化速率较大,时间测量的误差就较小。以解偏振光强度增大到基本不变时的值(I_∞)作为一个伪平衡值,采用结晶完成一半的时间$(t_{1/2})$的倒数作为聚合物的结晶速率。$t_{1/2}$称为半结晶时间。

t_0:热平衡时间;I_0和I_∞分别为结晶开始和结晶终了时的解偏振光强度。

聚合物的等温结晶过程可用 Avrami 方程来描述:

$$1-C=\exp(-Kt^n) \tag{1}$$

式中,C为时刻t时的结晶转化率,K为结晶速率常数,n为 Avrami 指数。在t时刻,已结晶部分引起的解偏振光强度变化为(I_t-I_0),结晶完成时,全部结晶引起的解偏振光强度变化为$(I_{\infty,t}-I_0)$。则t时刻的结晶转化率可用下式进行计算:

$$C=\frac{I_t-I_0}{I_\infty-I_0} \tag{2}$$

代入式(1),整理后可得:

$$\lg\left[-\ln\left(\frac{I_\infty-I_t}{I_\infty-I_0}\right)\right]=\lg K+n\lg t \tag{3}$$

以上式左边对$\lg t$作图可得一直线,由直线截距$\lg K$可求得结晶速率常数K,由直线斜率可求得 Avrami 指数n。

三、试剂与仪器

试剂:聚丙烯粒料。

仪器:GJY-Ⅲ型结晶速率仪。

四、准备工作

1. 接通整机电源,并接通熔融炉和结晶炉的加热电源。

2. 调节偏振光使之正交,此时输出光强信号最弱。

3. 接通光电倍增管负高压电源开关(900 V),再接通直流光源开关(1.5 V)。

4. 调节结晶速率仪的结晶温度为 120℃,熔融温度为 280℃,使两炉加热,并恒温至所需的温度值。

5. 接通电子记录仪电源,并选择好适当的量程范围和走纸速度(走纸速度是每分钟 60 mm)。(以上工作由指导教师事先准备)

五、实验步骤

1. 将一盖玻片放在熔融炉平台上,然后将聚丙烯样品粒子置于盖玻片上熔融,并盖上另一盖玻片,压平对齐,制作实验样品,并将制作好的样品迅速放入结晶炉内。

2. 在恒温状态下样品开始结晶,记录仪记录结晶曲线。

3. 实验结束后取出样品。

六、数据处理

1. 从记录仪给出的等温结晶曲线上,计算并标出此温度下的半结晶时间 $t_{1/2}$。

2. 求出此结晶温度下的半结晶时间的倒数 $1/t_{1/2}$ 作为聚合物的等温结晶速率。

3. 取不同结晶时间的实验数据计算,以 $\lg[-\ln(I_{\infty,t}-I_t)/(I_{\infty,t}-I_0)]$ 对 $\lg t$ 作图,由直线的截距和斜率求出 K 和 n。

七、注意事项

1. 手不要接触到熔融炉和结晶炉,以免被灼伤。

2. 被熔融的样品必须完全熔化,否则会影响样品的结晶速率及其曲线。

3. 应迅速地将熔融样品放入结晶炉内结晶。

八、问题回答及讨论

1. 结晶温度对聚合物的结晶速度有什么样的影响?

2. 根据计算的 n 值,讨论聚丙烯的结晶过程。

实验三十　流体黏度的测定

一、实验目的

1. 了解旋转黏度计的构造和测定流体黏度的原理。

2. 掌握流体黏度的测定方法。

二、实验原理

旋转黏度计又称 Epprecht 黏度计,是测量低黏度流体黏度的一种基本仪器。其原理示意图如图 1-40 所示。

仪器的主要部分由一个圆筒形的容器和一个圆筒形的转子组成,待测液体被装入两圆筒间的环形空间内,半径为 R_1 的内筒由弹簧钢丝悬挂,并以角速度 ω 匀速旋转,如果内筒浸入待测液体部分的深度为 L,则待测液体的黏度可用下式计算:

$$\eta = \frac{M}{4\pi L\omega}\left(\frac{1}{R_1^2}-\frac{1}{R_2^2}\right)$$

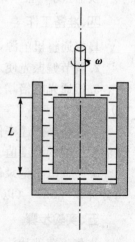

图 1-40　旋转黏度计原理示意图

其中,R_1 和 R_2 分别为内筒的外经及外筒的内径。M 为内筒受到液体的黏滞阻力而产生的扭矩。这样,通过内筒角速度和扭矩的测定,就可以通过黏度计的几何尺寸计算出液体的黏度。

三、试剂与仪器

试剂:蒸馏水,浓度分别为 5%,10%(质量分数)的聚乙烯醇水溶液。

仪器:NDJ-79 旋转式黏度计(上海安得仪器设备有限公司)。

本仪器共有两组测量器,每组包括一个测定容器和几个测定转子配合使用,用户可根据被测液体的大致黏度范围选择适当的测定组及转子;为取得较高的测试精度,读数最好大于 30 分度而不得小于 20 分度,否则,应变换转子或测试组。

指针指示之读数乘以转子系数即为测得的黏度 mPa·s,即:

$$\eta = K \cdot a$$

式中,η 为待测液体的黏度;K 为系数;a 为指针指示的读数(偏转角度)。

第二测定组用以测定较高黏度的液体,配有三个标准转子(呈圆筒状,各自的因子为1、10 和100),当黏度大于 10 000 mPa·s 时,可配用减速器,以测得更高的黏度。1∶10 的减速器,转子转速为 75 r·min^{-1},1∶100 的减速器为 7.5 r·min^{-1},最大量程分别为 100 000 mPa·s 和 1 000 000 mPa·s。

第三测定组用来测量低黏度液体,量程为 1~50 mPa·s,共有四个转子(呈圆筒形),供测定各种黏度时选用,四个转子各自的因子为 0.1,0.2,0.4,0.5。

四、准备工作

1. 松开滚花螺栓,将黄色避震器脱架取下。

2. 松开测定器螺母,将测定器Ⅱ从脱架取下。

3. 接通电源:工作电压为 220 V±22 V,50 Hz。

4. 联轴器安装:联轴器是一左旋滚花带钩的螺母,固定于电机同轴的端部。拆装时用专用插杆插入胶木园盘上的小孔卡住电机轴(使用减速器时测定组则配有短小勾,用于转子悬挂)。

5. 零点调整:开启电机,使其空转,反复调节调零螺钉,使指针指到零点(为了节约时间,以上准备工作可由指导教师事先做好)。

五、实验步骤

1. 蒸馏水黏度的测定:将蒸馏水缓缓地注入第Ⅲ测试容器中,使液面与测试容器锥形面下部边缘齐平,将转子全部浸入液体,测试容器放在仪器的脱架上,同时把转子悬挂在仪器的联轴器上,此时转子应全部浸没于液体中,开启电机,转子旋转可能伴有晃动,此时可前后左右移动脱架上的测试容器,使与转子同心从而使指针稳定即可读数。

2.1％聚乙烯醇溶液黏度的测定：将1％的聚乙烯醇溶液缓缓注入第Ⅱ测试容器中，按上述步骤读出指针读数。

3.5％聚乙烯醇溶液黏度的测定：将1：10的减速器安装在电机轴上，按上述步骤读出指针读数。

六、数据处理

根据记录的指针读数，乘以相应的转子系数，计算出蒸馏水和聚乙烯醇溶液的黏度，当使用减速器时，还应该乘以减速器的减速倍率。

七、思考题

1. 为什么聚合物溶液的黏度要远远大于相应溶剂的黏度？
2. 旋转黏度计适合测定什么流体的黏度，为什么？

实验三十一　海洋盐雾腐蚀实验

腐蚀是材料或其性能在环境的作用下引起的破坏或变质。大多数的腐蚀发生在大气环境中，大气中含有氧气、湿度、温度变化和污染物等腐蚀成分和腐蚀因素。盐雾腐蚀就是一种常见和最有破坏性的大气腐蚀。这里讲的盐雾是指氯化物的大气，它的主要腐蚀成分是海洋中的氯化物盐——氯化钠，它主要来源于海洋和内地盐碱地区。盐雾对金属材料表面的腐蚀是由于含有的氯离子穿透金属表面的氧化层和防护层与内部金属发生电化学反应引起的。同时，氯离子含有一定的水合能，易被吸附在金属表面的孔隙、裂缝排挤并取代氯化层中的氧，把不溶性的氧化物变成可溶性的氯化物，使钝化态表面变成活泼表面，造成对产品极坏的不良反应。

一、实验目的

1. 熟悉盐雾试验箱的使用。
2. 了解盐雾腐蚀的意义。

二、实验原理

盐雾试验是一种主要利用盐雾试验设备所创造的人工模拟盐雾环境条件来考核产品或金属材料耐腐蚀性能的环境试验。它分为两大类，一类为天然环境暴露试验，另一类为人工加速模拟盐雾环境试验。人工模拟盐雾环境试验是利用一种具有一定容积空间的试验设备——盐雾试验箱，在其容积空间内用人工的方法，造成盐雾环境来对产品的耐盐雾腐蚀性能质量进行考核。它与天然环境相比，其盐雾环境的氯化物的盐浓度，可以是一般天然环境盐雾含量的几倍或几十倍,使腐蚀速度大大提高,对产品进行盐雾试验,得出结果的时间也大大缩短。如在天然暴露环境下对某产品样品进行试验,待其腐蚀可能要 1 年,而在人工模拟盐雾环境条件下试验,只要 24 h,即可得到相似的结果。

人工模拟盐雾试验又包括中性盐雾试验、醋酸盐雾试验、铜盐加速醋酸盐雾试验、交变盐雾试验。

(1)中性盐雾试验(NSS 试验)是出现最早目前应用领域最广的一种加速腐蚀试验方法。它采用 5% 的氯化钠盐水溶液,溶液 pH 值调在中性范围(6~7)作为喷雾用的溶液。试验温度均取 35℃,要求盐雾的沉降率在 1~2 [mL · (80 cm^{-2}) · h^{-1}]之间。

(2)醋酸盐雾试验(ASS 试验)是在中性盐雾试验的基础上发展起来的。它是在 5% 氯化钠溶液中加入一些冰醋酸,使溶液的 pH 值降为 3 左右,溶液变成酸性,最后形成的盐雾也由中性盐雾变成酸性。它的腐蚀速度要比 NSS 试验快 3 倍左右。

(3)铜盐加速醋酸盐雾试验(CASS 试验)是国外新近发展起来的一种快速盐雾腐蚀试验,试验温度为 50℃,盐溶液中加入少量铜盐-氯化铜,强烈诱发腐蚀。它的腐蚀速度大约是 NSS 试验的 8 倍。

(4)交变盐雾试验是一种综合盐雾试验,它实际上是中性盐雾试验加恒定湿热试验。它主要用于空腔型的整机产品,通过潮态环境的渗透,使盐雾腐蚀不但在产品表面产生,也在产品内部产生。它是将产品在盐雾和湿热两种环境条件下交替转换,最后考核整机产品的电性能和机械性能有无变化。

三、实验步骤

1. 溶液配置:盐溶液采用氯化钠(化学纯以上)和蒸馏水配置,其浓度为 5% ±0.1%(重量)。用酸度计测量雾化前的盐溶液的 pH 值。雾化后的收集液,除挡板挡回部分外,不得重复使用。配置盐溶液时,允许采用化学纯以上的稀盐酸或氢氧化钠水溶液来调整 pH 值。

2. 试样处理:试验前试验样品必须进行外观检查,以及按有关标准进行其他项目的性能测定。试件样品表面必须干净、无油污、无临时性的防护层和其他弊病。

3. 启动并设定盐雾试验机相关参数,把试样放入实验机箱内进行喷雾实验,记录试样初始外观状况和实验时间。

4. 恢复:试验结束后,用流动水轻轻洗掉试验样品表面盐沉积物,再在蒸馏水中漂洗,洗涤水温不得超过 35℃,然后在标准的恢复大气条件下恢复 1~2 h,或按有关标准规定的其他恢复条件和时间。

5. 实验结果评定:观察试样表面有无明显腐蚀缺陷,如点蚀、裂纹、气泡等。

四、注意事项

1. 试验设备内部的顶和壁等部位所聚集的水珠不得滴落在试验样品上,盐雾不得直接喷射到试验样品上,试验设备内外气压必须平衡。

2. 试验样品不得相互接触,它们的间隔距离应是不影响盐雾能自由降落在试件样品上,以及一个试验样品上的盐溶液不得滴落在其他试验样品上。

3. 试验样品放置位置由有关标准确定,一般按产品和材料使用状态放置(包括外罩等);平板试验样品需使受试面与垂直方向成 30°角。

4. 雾化时必须防止油污、尘埃等杂质和喷射空气的温、湿度影响有效空间的试验条件。

实验三十二 红外光谱法鉴定聚合物

红外线按其波长的长短,可分为近红外区(0.78~2.5 μm)、中红外区(0.5~50 μm)、远红外区(50~300 μm)。红外分光光度计的波长一般在中红外区。由于红外发射光谱很弱,所以通常测量的是红外吸收光谱(infrared absorption spectroscopy,IR)。

红外光谱法分析具有速度快、取样微、高灵敏等优点,而且不受样品的相态(气、液、固)之限制,也不受材质(无机材料、有机材料、高分子材料、复合材料)的限制,因此应用极为广泛。在高分子应用方面,它是研究聚合物的近程链结构的重要手段,比如:①鉴定主链结构、取代基的位置、顺反异构、双键的位置;②测定聚合物的结晶度、支化度、取向度;③研究聚合物的相转变;④探讨老化与降解历程;⑤分析共聚物的组分和序列分布等。总之,凡微观结构上起变化,而在谱图上能得到反映的,原则上都可用此法研究。当然,红外光谱法也有其局限性:对于含量少于1%的成分不易检出;因聚合物具有很大的吸收能力,所以需制备很薄的试样,何况有的聚合物不溶,不熔,这是困难的;谱图上谱带很多,并非每一谱带都能得到满意的解释。对复杂分子的振动,也缺乏理论计算。

除了通常的红外光谱外,还有偏振红外光谱法、内反射光谱法以及最新的傅里叶变换红外光谱法。

一、实验目的

1. 了解红外光谱法分析的原理。

2. 初步掌握简易红外谱仪的使用。

3. 初步学会查阅红外谱图,定性分析聚合物。

二、实验原理

因为红外光量子的能量较小,所以物质吸收其后,只能引起原子的振动、分子的转动、键的振动。按照振动时键长与键角的改变,相应的振动形式有伸缩振动和弯曲振动,而对于具体的基团与分子振动,其形式名称则多种多样。每种振动形式通常相应于一种振动模式,即一种振动频率,其大小用波长或"波数"来表示(注意"波数"是波长的倒数,单位为 cm^{-1},它不等于频率)。对于复杂分子,则有很多"振动频率组";而每种基团和化学键,都有其特征的吸收频率组,犹如人的指纹一样。以某些聚合物试样为例,当波数在 4 000~500 cm^{-1} 之间:全同结晶的聚苯乙烯的特征谱带在 1 365 cm^{-1},1 297 cm^{-1},1 180 cm^{-1},1 080 cm^{-1},1 055 cm^{-1},585 cm^{-1},558 cm^{-1} 处,而无规聚苯乙烯的特征谱带在 1 065 cm^{-1},940 cm^{-1},538 cm^{-1};聚氯乙烯的碳氯键 C—Cl 吸收带在 800~600 cm^{-1};尼龙 66 的—CONH—吸收带在 3 300 cm^{-1},3 090 cm^{-1},1 640 cm^{-1},1 550 cm^{-1},700 cm^{-1};聚四氟乙烯的—CF_2 极强吸收带在 1 250~1 100 cm^{-1};涤纶(PET)的晶带吸收在 1 340 cm^{-1},972 cm^{-1},848 cm^{-1},非晶带吸收在 1 445 cm^{-1},13 770 cm^{-1},1 045 cm^{-1},898 cm^{-1};全同聚丙烯的晶带吸收在 1 304 cm^{-1},1 167 cm^{-1},998 cm^{-1},841 cm^{-1},322 cm^{-1},250 cm^{-1} 等处。

红外分光光度计(即红外光谱仪)基本上由光源、单色器、检测器、放大器和记录系统组成。本实验所用的 IR-7650 仪是采用双光束、光学零位平衡原理的光栅型仪器,其光路系统见图 1-41。

红外光自光源硅碳棒发出,经光源室、样品室、光度计、单色器(由光栅和滤光片组成)进入红外接收器——真空热电堆,将光能转换为电信号,再经放大后推动笔楔系统,以移动参比光束中"100%光楔片"的位置,使样品与参比光束达到平衡,而和光楔同步的记录笔就连续记录样品的透射比(%),此即为谱图的纵坐标。同时,波数凸轮转动,单色光按不同波数顺次通过"出狭缝"进入接收器中,而记录纸滚筒和波数凸轮同步,因此记录纸的位置反映了波数(或波长),此即为谱图的横坐标。整张谱图就是样品的红外吸曲线。IR-7650 仪器的波数,范围为 4 000~650 cm^{-1}。样品的吸收曲线不包含大气吸收的干扰,以保证测试的重复性。

三、试剂与仪器

试剂:高分子薄膜(聚苯乙烯、聚乙烯、聚氯乙烯、涤纶等)。
仪器:7650 型红外光谱仪(上海分析仪器厂)。

四、实验步骤

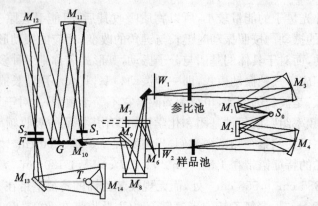

S_0—光源；S_1—入狭缝；F—滤光片；W_1—100%光楔；S_2—出狭缝；T_c—热电堆；W_2—小光楔；G—光栅；$M_{1\sim14}$—反射镜

图 1-41　IR-7650 仪的光路系统

（1）开启电源 10，光源点亮，预热 20 min。

（2）转达动记录纸拨轮 4，对准起始点。

（3）能量调节：用不透明纸片遮住样品光束，再立即抽出纸片，记录笔从。回到原点应 1 s 左右，否则适当调节增益 1 旋钮。

（4）100%调节：打开双光束 2，旋动 100%调节钮 11（即光路系统图上的"小光楔"），将记录笔调到 95%左右。

（5）电平衡调节：用不透明纸片同时遮掉两光束，调节电平衡旋钮 3，直到记录笔不再左右移动，然后抽出纸片。

（6）放上样品，准备扫描。先选择合适的扫描速度 12（"①""②""③"挡分别为 60 min，15 min，4 min），按下扫描旋钮 9，即开始扫描，红色指示灯 6 亮。扫描结束后，波数盘 5 回到 4 000 cm^{-1} 的起始位置，指示灯暗。

（7）定波数扫描：速度旋钮放在"o"挡。转动波数拨轮 13，对准所需的波数，随后按下扩展旋钮 7。

（8）波数扩展：先选择合适的扫描速度，然后按下扩展旋钮 7。

五、结果处理

红外光谱图上的吸收峰位置（波数或波长）取决于分子振动的频率，吸收峰的高低（同一特征频率相比），取决于样品中所含基团的多少，而吸收峰的个数则和振动形式的种类多少有关。

对高分子材料的分析鉴定，通常是把它的谱图和萨得勒标准谱图（the

sadtler standard spectra）对照（注意：因单色器的不同，标准谱图也有所差异）。查阅工作是细致繁琐的。本实验结果要查阅红外光栅的光谱图，将试样的特征吸收峰同标准谱图——对照。Hummel 等著的《聚合物、树脂和添加剂的红外分析图谱集》的第一卷，汇集了约 1 500 张聚合物和树脂的谱图，在正文里详细地介绍了它们的特征。另外，还有近 300 张相关的小分子化合物谱图。

随着计算机科学的发展，红外光谱的计算机检索已成为现实。把每张红外谱图和相应的分子式、基因、沸点、熔点等编在一起，组成"光谱数据"。将未知物的光谱数据和计算机中贮存的已知物光谱数据——对比，从而鉴定未知物的结果。近年来，还进一步发展为计算机带人工智能的解析光谱程序，即计算机模仿人来解释红外谱图和辅助结构解析。

六、注意事项

（1）用薄膜进行红外光谱吸收实验，对膜的厚度有一定的要求，即必须保证透光率在 15％～70％。否则将影响实验结果。不同基团其红外敏感性不同，因此，试样不同其薄膜的厚薄也应有区别。

（2）同一种聚合物，成膜工艺不同，其亚微观结构会有变化，因此用红外吸收光谱研究聚合物结构，特别是要与标准谱图对比时，一定要注意这一点。

七、思考题

（1）产生红外吸收的动因是什么？

（2）波数和波长有什么不同？

（3）简述 IR-7650 型红外光谱仪的工作原理。

（4）红外光谱对聚合物能够进行哪些测试及鉴定？

实验三十三　热塑性塑料挤出造粒实验

一、实验目的

1. 了解塑料挤出成型工艺过程。

2. 认识挤出机的结构及其加工原理。

二、实验原理

热塑性塑料的挤出成型是主要的成型方法之一，塑料的挤出成型就是塑料在挤出机中，在一定的温度和一定的压力下熔融塑化，并连续通过有固定截面的模型，得到具有特定断面形状连续型材的加工方法。不论挤出造粒还是挤出制品，都分两个阶段：第一阶段，固体状树脂原料在机筒中，借助于料筒外部的加热和螺杆转动的剪切挤压作用而熔融，同时熔体在压力的推动下被连续挤出口模；

第二阶段是被挤出的型材失去塑性变为固体即制品,可分为条状、片状、棒材、筒状等。因此,应用挤出的方法既可以造粒也能够生产型材或异型材。

合成出来的树脂大多数呈粉末状,粒径小成型加工不方便,而且合成树脂中又经常需要加入各种助剂才能满足制品的要求,为此就要将树脂与助剂混合,制成颗粒,这步工序称作"造粒"。树脂中加入功能性助剂可以造功能性母粒,造出的颗粒是塑料成型加工的原料。

使用颗粒成型加工的主要优点有:①颗粒料比粉料加料方便,无需强制加料器;②颗粒料比粉料密度大,制品质量好;③挥发物及空气含量少,制品不容易产生气泡;④使用功能性母粒比直接添加功能性助剂更容易分散。

塑料造粒可以使用辊压法混炼、塑炼出片后切粒;也可以使用挤出塑炼、塑化挤出条后切粒。本实验采用挤出冷却后造粒的工艺。

三、试剂与仪器

试剂:聚乙烯,聚丙烯,聚氯乙烯,加工助剂及功能性助剂。

仪器:SJ-30 挤出机(图 1-42),切粒机。

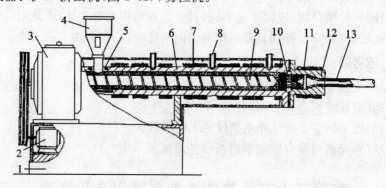

1—机座;2—电动机;3—传动装置;4—料斗;5—料斗冷却区;6—料筒;7—料筒加热器;8—热电偶控温点;9—螺杆;10—过滤网及多孔板;11—机头加热器;12—挤出物

图 1-42　单螺杆挤出机结构示意图

四、实验步骤

1. 了解挤出塑料的熔融指数,确定挤出温度控制范围。

2. 挤出造粒:

(1)按照挤出机的操作规程,打开冷却水开关,机器工作时。料筒座应始终通水冷却;

(2)接通电源,设置加热区的温度在 180℃左右,对挤出机和机头口模加热。当挤出机各部分达到设定温度后,再保温 30 min 左右。检查机头各部分的衔接、螺栓,并趁热拧紧。机头口模环形间隙中心要求严格调整。

(3)开动挤出机,由料筒加入原料,同时注意主机电流表、温度表和螺杆转速是否稳定。

(4)待正常挤出并稳定 1～2 min,牵引造粒。

(5)实验完毕,挤出机内存料,趁热清理机头和多孔板的残留塑料。

五、实验报告

1.列出实验用挤出机的技术参数。

2.报告实验所用原料及操作工艺条件,计算挤出率。

六、注意事项

1.熔体被挤出之前,任何人不得在机头口模的正前方。挤出过程中,严防金属杂质、小工具等物落入进料口中。

2.清理挤出机时,只能使用钢棒、铜制刀等工具,切忌损坏螺杆和口模等处的光洁表面。

七、思考题

1.挤出机的主要结构有哪些部分,螺杆的三段名称、作用是什么?

2.造粒工艺有几种切粒方式? 各有何特点?

实验三十四　热塑性塑料注射成型

一、实验目的

1.了解柱塞式和移动螺杆式注射机的结构特点及操作程序。

2.掌握热塑性塑料注射成型的实验技能及标准测试样条的制作方法。

3.掌握注射成型工艺条件的确定及其与注射制品质量的关系。

二、实验原理

(一)注射过程原理

注射成型是高分子材料成型加工中一种重要的方法,应用十分广泛,几乎所有的热塑性塑料及多种热固性塑料都可用此法成型。热塑性塑料的注射成型又称注塑,是将粒状或粉状塑料加入注射机的料筒,经加热熔化呈流动状态,然后,在注射机的柱塞或移动螺杆快速而又连续的压力下从料筒前端的喷嘴中以很高的压力和很快的速度注入闭合的模具内。充满膜腔的熔体在受压的情况下,经冷却固化后,开模得到与模具型腔相应的制品。

注射成型机主要有柱塞式和移动螺杆式两种,以后者为常用。不同类型的注射机的动作程序不完全相同,但塑料的注射成型原理及过程是相同的。

本实验是以聚丙烯为例,采用移动螺杆式注射机的注射成型。热塑性塑料的注射过程包括加料、塑化、注射充模、冷却固化和脱模等几个工序。

1. 合模与锁紧:注射成型的周期一般是以合模为起始点。动模前移,快速闭合。在与定模将要接触时,依靠合模系统的自动切换成低压,提供试合模压力、低速;最后切换成高压将模具合紧。

2. 注射充模:模具闭合后,注射机机身前移使喷嘴与模具贴合。油压推动与油缸活塞杆相连接的螺杆前进,将螺杆头部前面已均匀塑化的物料以一定的压力和速度注射入模腔,直到熔体充满模腔为止。

熔体充模顺利与否,取决于注射压力和速度以及熔体的温度和模具的温度等。这些参数决定于熔体的黏度和流动特性。注射压力是为了使熔体克服料筒、喷嘴、浇铸系统和模腔等处的阻力,以一定的速度注射入模;一旦充满,模腔内压迅速到达最大值,充模速度则迅速下降。模腔内物料受压紧,密实,符合成型制品的要求。注射压力的过高或过低,造成充模的过量或不足,将影响制品的外观质量和材料的大分子取向程度。注射速度影响熔体填充模腔时的流动状态。速度快,充模时间短,熔体温差小,制品密度均匀,熔接强度高,尺寸稳定性好,外观质量好;反之,若速度慢,充模时间长,由于熔体流动过程的剪切作用使大分子取向程度大,制品各向异性。

3. 保压:熔体注入模腔后,由于模具的低温冷却作用,使模腔内的熔体产生收缩。为了保证注射制品的致密性、尺寸精度和强度,必须使注射系统对模具施加一定的压力(螺杆对熔体保持一定压力),对模腔塑件进行补塑,直到浇注系统的塑料冻结为止。保压过程包括控制保压压力和保压时间的过程,它们均影响制品的质量。保压压力可以等于或低于充模压力,其大小以达到补塑增密为宜。保压时间以压力保持到浇口凝封时为好。若保压时间不足,模腔内的物料会倒流,制品缺料;若时间过长或压力过大,充模量过多,将使制品浇口附近的内应力增大,制品易开裂。

4. 制品的冷却和预塑化:当模具浇注系统内的熔体冻结到其失去从浇口回流可能性时,即浇口封闭时,就可卸去保压压力,使制品在模内充分冷却定型。其间主要控制冷却的温度和时间。在冷却的同时,螺杆传动装置开始工作,带动螺杆转动,使料斗内的塑料经螺杆向前输送,并在料筒的外加热和螺杆剪切作用下使其熔融塑化。物料由螺杆运到料筒前端,并产生一定压力。在此压力作用下螺杆在旋转的同时向后移动,当后移到一定距离,料筒前端的熔体达到下次注射量时,螺杆停止转动和后移,准备下一次注射。预塑化是要求得到定量的、均匀塑化的塑料熔体。塑料塑化质量与料筒的外加热、摩擦热、剪切作用及塑化压力(螺杆背压)有关。塑料的预塑化与模具内制品的冷却定型是同时进行的,但预塑时间必定小于制品的冷却时间。

5.脱模:模腔内的制品冷却定型后,合模装置即开启模具,并自动顶落制品。

(二)注射成型工艺条件

注射成型工艺的核心问题是要求得到塑化良好的塑料熔体并把它顺利注射到模具中去,在控制的条件下冷却定型,最终得到达到质量要求的制品。因此,注射最重要的工艺条件是影响塑化流动和冷却的温度、压力和相应的各个作用的时间。

1.温度:注射成型过程需要控制的温度包括料筒温度、喷嘴温度和模具温度。前两者关系到塑料的塑化和流动,后者关系到塑料的成型。

(1)料筒温度:选定料筒温度时,主要考虑保证塑料塑化良好,能顺利完成注射而又不引起塑料的局部降温。料温的高低,主要决定于塑料的性质,必须把塑料加热到黏流温度(T_f)或熔点(T_m)以上,但必须低于其分解温度(T_d)。料温对注射成型工艺过程及制品的物理机械性能有密切关系。随着料温升高,熔体黏度下降,料筒、喷嘴、模具的浇注系统的压力降减小,塑料在模具中流程就长,从而改善了成型工艺性能,注射速度大,塑化时间和充模时间缩短,生产率上升。但若料温太高,易引起塑料热降解,制品物理机械性能降低。而料温太低,则容易造成制品缺料,表面无光,有熔接痕等,且生产周期长,劳动生产率降低。在决定料温时,必须考虑塑料在料筒内的停留时间,这对热敏性塑料尤其重要,随着温度升高,物料在料筒内的停留时间应缩短。料温的选择要考虑制品及模具的特点。薄壁制品,料流通道小,阻力大,容易冷却而流动性下降,应适当提高料温改善充模条件。相反,对厚壁制品,则可用较低的料温。对外形复杂或带有嵌件的制品,因料流路线长而曲折、阻力大,易冷却而丧失流动性,料温也应提高一些。料筒温度通常从料斗一侧起至喷嘴分段控制,由低到高,以利于塑料逐步塑化。各段之间的温差为30℃~50℃。

(2)喷嘴温度:塑料在注射时以高速度通过喷嘴的细孔的,有一定的摩擦热产生,为了防止塑料熔体在喷嘴可能发生"流涎现象",通常喷嘴温度略低于料筒的最高温度。

(3)模具温度:模具温度不但影响塑料充模时的流动行为,而且影响制品的物理机械性能和表观质量。结晶型塑料注射入模型后,将发生相转变,冷却速率将影响塑料的结晶速率。缓冷,即模温高,结晶速率大,有利于结晶,能提高制品的密度和结晶度,制品成型收缩性较大,刚度大,大多数力学性能较高,但伸长率和冲击强度下降。骤冷所得制品的结晶度下降,韧性较好。但骤冷不利于大分子的松弛过程,分子取向作用和内应力较大。中速冷塑料的结晶和取向较适中,是常用的条件。无定型塑料注射入模时,不发生相转变,模温的高低主要影响熔体的黏度和充模速率。在顺利充模的情况下,较低的模温可以缩短冷却时间,提高成型效率。所以对于熔融黏度较低的塑料,一般选择较低的模温,反之,必须选择较高模温。选用低模温,虽然可加快冷却,有利于提高生产效率,但过低的模温可能使浇口过早凝封,引起缺料和充模不全。

2. 压力:注射过程中的压力包括塑化压力(背压)和注射压力,是影响塑料塑化、充模成型的重要因素。

(1)塑化压力(背压):预塑化时,塑料随螺杆旋转,塑化后堆积在料筒的前部,螺杆的端部塑料熔体产生一定的压力,称为塑化压力,或称螺杆的背压,其大小可通过注射机油缸的回油背压阀来调整。螺杆的背压影响预塑化效果。提高背压,物料受到剪切作用增加,熔体温度升高,塑化均匀性好,但塑化量降低。螺杆转速低则延长预塑化时间。螺杆在较低背压和转速下塑化时,螺杆输送计量的精确度提高。对于热稳定性差或熔融黏度高的塑料应选择转速低些;对于热稳定性差或熔体黏度低的,则选择较低的背压。螺杆的背压一般为注射压力的5%~20%。

(2)注射压力:注射压力的作用是克服塑料在料筒、喷嘴及浇注系统和型腔中流动时的阻力,给予塑料熔体足够的充模速率,能对熔体进行压实,以确保注射制品的质量。注射压力的大小取决于模具和制件的结构、塑料的品种以及注射工艺条件等。塑料注射过程中的流动阻力决定于塑料的摩擦因数和熔融黏度,两者越大,所要求的注射压力越高。而同一种塑料的摩擦因数和熔融黏度是随料筒温度和模具温度而变动的,所以在注射过程中注射压力与塑料温度实际上是相互制约的。料温高时注射压力减小;反之,所需注射压力加大。通常对玻璃化温度高、黏度大的塑料,制品形状复杂,浇口尺寸小,流道长,薄壁制品的模具结构宜选用高速高压的注射。制品中内应力随注射压力的增加而加大,所以采用较高压力注射的制品进行退火处理尤为重要。

(3)时间:完成一次注射成型所需的全部时间称为注射成型周期,它包括注射(充模、保压)时间、冷却(加料、预塑化)时间及其他辅助(开模、脱模、嵌件安放、闭模)时间。注射时间中的充模时间主要与充模速度有关。保压时间依赖于料温、模温以及主流道和浇口的大小,对制品尺寸的准确性有较大影响,保压时间不够,浇口未凝封,熔料会倒流,使模内压力下降,会使制品出现凹陷、缩孔等现象。冷却时间取决于制品的厚度、塑料的热性能、结晶性能以及模具温度等。冷却时间以保证制品脱模时不变形绕曲,而时间又较短为原则。成型过程中应尽可能地缩短其他辅助时间,以提高生产效率。热塑性塑料的注射成型,主要是一个物理过程,但高聚物在热和力的作用下难免发生某些化学变化。注射成型应选择合理的设备和模具设计,制订合理的工艺条件,以使化学变化减少到最小的程度。

三、试剂与仪器

(一)试剂

PP、HDPE,颗粒状塑料等,也可选用 PS,ABS,PA,POM 等。

(二)仪器

(1)BOY 22S 移动螺杆式塑料注射机:移动螺杆式塑料注射成型机的基本结构如图 1-43 所示,主要由包括注射装置、锁模装置、液压传动系统和电路控制系统。

(2)注射模具(力学性能试样模具)。

(3)温度计、秒表、卡尺等。

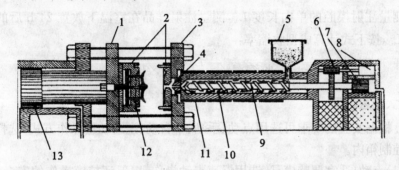

1—动模板;2—注射模具;3—定模板;4—喷嘴;5—料斗;6—螺杆传动齿轮;7—注射油缸;8—液压泵;9—螺杆;10—加热料筒;11—加热器;12—顶出杆(销);13—锁模油缸

图 1-43　移动螺杆式注射机结构示意图

四、准备工作

1. 原料准备,干燥 PP 或 HDPE 树脂。一般干燥条件是:烘箱温度为 80℃,时间 3～4 h;若温度为 90℃,则仅需 2～3 h。实际上,干燥处理的温度越低越好,但时间却需更久。干燥的原则是控制塑料的含水率低于 0.1%。

2. 详细观察、了解注射机的结构,工作原理,安全操作等。

3. 拟定各项成型工艺条件。

4. 安装模具并进行试模。

五、实验步骤

1. 注射机开车。接通电源,进行空车、空负荷运转几次。

2. 设定各项成型工艺条件,对料筒进行加热,达到预定温度后,稳定 30 min。

3. 注射成型操作。按照以下预定程序进行操作:

（1）闭模及低压闭模。由行程开关切换实现慢速—快速—低压慢速—充压的闭模过程。

（2）注射机机座前进后退及高压闭紧。

（3）注射充模。

（4）保压。

（5）加料预塑。可选择固定加料或前加料或后加料等不同方式。

（6）开模。由行程开关切换实现慢速—快速—慢速—停止的启模过程。

（7）取出制品。

4. 重复上述操作程序，在不同保压时间和冷却时间下注射制品。

5. 测定制品的成型收缩率，测试注射样品的力学性能。

六、数据处理

测量注射模腔的单向长度 L_1，测量注射样品在室温下放置 24 h 后的单向长度 L_2，按卜式计算成型收缩率：

$$收缩率\% = \frac{L_1 - L_2}{L_1} \times 100$$

七、注意事项

1. 根据实验的要求可选用点动、手动、半自动、全自动等操作方式，选择开关设在控制箱内。

（1）点动：适宜调整模具，选用慢速点动操作，以保证校模操作的安全性（料筒必须没有塑化的冷料存在）。

（2）手动：选择开关在"手动"位置，调整注射和保压时间继电器，关上安全门。每揿一个按钮，就相当完成一个动作，必须按顺序一个动作做完才揿另一个动作按钮。手动操作一般是在试车、试制、校模时选用。

（3）半自动：将选择开关转至"半自动"位置，关好安全门，则各种动作会按工艺程序自动进行，即依次完成闭模、稳压、注射座前进、注射、保压、预塑（螺杆转动并后退）、注射座后退、冷却、启模和制品顶出。开安全门，取出制品。

（4）全自动：将选择开关至"全自动"位置，关上安全门，则机器会自行按照工艺程序工作，最后由顶出杆顶出制品。由于光电管的作用，各个动作周而复始，无需打开安全门，但要求模具有完全可靠的自动脱模装置。

2. 在行驶操作时，需把限位开关及时间继电器调整到相应的位置上。

3. 未经实验室工作人员的许可，不得操作注射机或任意动注射机控制仪表上的按钮和开关。

4. 不得用金属工具接触模具型腔。

实验三十五　塑料板材挤出实验

一、实验目的

1. 了解塑料板材挤出成型工艺过程。
2. 认识狭缝挤出机头的结构和工作原理。
3. 理解并掌握板材挤出及压光工艺控制方法。
4. 掌握塑料板材的性能测试方法。

二、实验原理

挤出压延成型是生产塑料板材的主要方法之一。塑料板材的成型是用狭缝机头直接挤出板坯后,即经过三辊压光机压光,经冷却、牵引装置而得到塑料板材。

图 1-44 为聚乙烯(PE)板材挤出工艺流程图。本实验是挤出 2.0 mm 的 LDPE 板材。

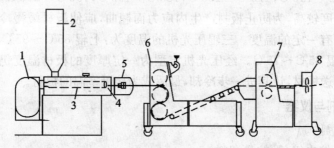

1—电动机;2—料斗;3—螺杆;4—挤出机料筒;5—机头;6—三辊压光机;7—橡胶牵引辊;
8—剪切

图 1-44　PE 板材挤出生产工艺流程图

1. PE 原料:PE 板材具有无毒、表面光滑平整、耐腐蚀、电绝缘性能优异、低温性能好的优点,广泛应用在包装、化工、电子等领域。PE 挤出板材一般选用适当牌号的树脂直接生产,如果生产特殊用途的片材需添加相关必要的助剂。挤出生产 LDPE 板材应选用熔体流动速率(MFR)为 $0.3\sim1.0[\mathrm{g}\cdot(10\ \mathrm{min})]^{-1}$ 的挤出级 PE 树脂。

2. 机头:板材挤出的狭缝机头的出料口既宽又薄,塑料熔体由料筒挤入机头,流道由圆形变成狭缝形。这种机头(包括支管型、衣架型、鱼尾型)在料流挤出过程中存在中间流程短、阻力小、流速快,两边流程长、阻力大、流速慢的现象,必须采取措施使熔体沿口模宽度方向有均匀的速度分布,即要使熔体在口模宽度方向上以相同的流速挤出,保证挤出的板材厚度均匀和表面平整。本实验采用支管型机头,可以贮存一定量的物料,起分配物料稳定作用,使料流稳定。

3. 压光:三辊压光机的作用是将挤出的板材压光和降温,并准确地调整板材的厚度,故它与压延机的构造原理有点相同,对辊筒的尺寸精度和光洁度要求较高,并能在一定范围内可调速,能与板材挤出相适应。辊筒间距可以调整,以适应挤出板材厚度的控制,压光机与机头的距离应尽量靠近,否则板坯易下垂发皱,光洁度不好,同时在进入压光机前容易散热降温,对制品光洁度不利。

4. 温度:挤出机各段温度的设定因原料品种而异,对 LDPE,从挤出机加料段至均化段各区(一般为四个区)的温度分别为:150℃~160℃,160℃~170℃,170℃~180℃,180℃~190℃。机头温度原则上高于挤出机均化段5℃~10℃,机头温度过低,板材表面无光泽,甚至导致板材开裂,机头温度过高,物料易分解。机头温度通常采用两边高中间低的温度控制方法,以便和机头阻力调节棒相配合,保证当熔体通过机头的时候,沿板材宽度方向上流动速率与温度相平衡,板材的挤出均匀、稳定。对 LDPE,从机头左至右的温度分别为:190℃~200℃,180℃~190℃,170℃~180℃,180℃~190℃,190℃~200℃。从机头出来的板坯温度较高,为防止板材产生内应力而翘曲,应使板材缓慢冷却,要求压光机的辊筒有一定的温度。三辊压光机的温度为:上辊 85℃~95℃,中辊 75℃~85℃,下辊 65℃~75℃。经压光机定型为一定厚度的板材温度仍较高,故用冷却导辊输送板材,让其进一步冷却,最后成为接近室温的板材。

三、试剂与仪器

（一）试剂

LDPE,挤出级,颗粒状塑料。

（二）仪器

SJ-30×25B 单螺杆挤出机;支管式机头;三辊压光机;冷却装置;牵引装置;试样裁刀及裁剪机;点式温度计、卡尺、测厚仪等;CMT2203 电子拉力试验机。

四、准备工作

1. 原材料的准备:LDPE 干燥预热,在 70℃左右烘箱预热 1~2 h。

2. 详细观察、了解挤出机和三辊压光机的结构、工作原理、操作规程等。

3. 根据实验原料 LDPE 的特性,初步拟定挤出机各段加热温度及螺杆转速,同时拟定其他操作工艺条件。

4. 安装支管式机头模及板材辅机。

5. 测量狭缝机头口模的几何尺寸(模缝的宽度、高度)。

五、实验步骤

1.按照挤出机的操作规程,接通电源,开机运转和加热。检查机器运转、加热和冷却是否正常。对机头各部分的衔接、螺栓等检查并趁热拧紧。用点式温度计测量机头从左至右的温度。

2.当挤出机加热到设定值后稳定 30 min。开机在慢速下投入少量的 LDPE 粒子,同时注意电流表、压力表、温度计和扭矩值是否稳定。待熔体挤出板坯后,观察板坯厚度是否均匀,调整模唇调节器和阻力调节棒,使沿板材宽度方向上的挤出速度相同,使板坯厚度均匀。

3.开动辅机,以手将板坯直接引入冷却牵引装置,不经三辊压光机压光。待板坯冷却后,裁剪一段板坯,测量板坯的厚度和宽度。

4.调节三辊压光机辊筒的温度,稳定一段时间后,将板坯慢慢引入三辊压光机辊筒间,并使之沿冷却导辊和牵引辊前进。

5.根据实验要求调整三辊压光机辊筒的间距,测量经压光后板材的厚度,直至符合尺寸要求。

6.重复步骤 5,调整三种不同压光机辊筒的间距。

7.待板材的形状稳定、板材厚度已达实验要求时,裁剪长 100 cm 的板材试样。

8.实验完毕,逐步降低螺杆转速,挤出机内存料,趁热清理机头内的残留塑料。

9.板材试样经过 12 h 以上充分停放后,用标准裁刀分别在板材试样的纵向和横向冲裁成哑铃型的试样各 5 个。试样裁切参阅国家标准 GB/T528—92 的规定。

10.参照国家标准 GB/T528—92 的规定测试板材试样的纵向和横向拉伸性能。

六、数据处理

1.根据狭缝机头缝模的宽度和高度以及未经压光板坯的厚度和宽度,比较分析挤出膨胀现象。

2.按实验二十二测试并计算板材试样的纵向和横向拉伸强度和伸长率。

七、注意事项

1.挤出机料筒及机头温度较高,操作时要戴手套,熔体挤出时操作者不得位于机头的正前方,防止发生意外。

2.调节机头和三辊压光机时,操作动作应轻缓,以免损伤设备。

3.取样必须待挤出压光的各项工艺条件稳定,板坯或板材试样尺寸稳定后方可进行。

实验三十六　塑料薄膜吹塑实验

一、实验目的

1. 了解塑料挤出吹胀成型原理。

2. 了解单螺杆挤出机、吹膜机头及辅机的结构和工作原理。

3. 掌握聚乙烯吹膜工艺操作过程、各工艺参数的调节及分析薄膜成型的影响因素。

二、实验原理

塑料薄膜是应用广泛的高分子材料制品。塑料薄膜可以用挤出吹塑、压延、流延、挤出拉幅以及使用狭缝机头直接挤出等方法制造,各种方法的特点不同,适应性也不一样。其中吹塑法成型塑料薄膜比较经济和简便,结晶型和非晶型塑料都适用。吹塑成型不但能成型薄至几丝的包装薄膜,也能成型厚达 0.3 mm 的重包装薄膜,既能生产窄幅,也能得到宽度达近 20 m 的薄膜,这是其他成型方法无法比拟的。吹塑过程塑料受到纵横方向的拉伸取向作用,制品质量较高,因此,吹塑成型在薄膜生产上应用十分广泛。

用于薄膜吹塑成型的塑料有聚氯乙烯、聚乙烯、聚丙烯、尼龙以及聚乙烯醇等。目前国内外以前两种居多,但后几种塑料薄膜的强度或透明度较好,已有很大发展。

吹塑是在挤出工艺的基础上发展起来的一种热塑性塑料的成型方法。吹塑的实质就是在挤出的型坯内通过压缩空气吹胀后成型的,它包括吹塑薄膜和中空吹塑成型。在吹塑薄膜成型中,根据牵引的方向不同,通常分为平挤上吹、平挤下吹和平挤平吹三种工艺方法,其基本原理都是相同的,其中以平挤上吹法应用最广。本实验是用平挤上吹工艺成型低密度聚乙烯(LDPE)薄膜,如图 1-45。塑料薄膜的吹塑成型是基于高聚物的分子量高、分子间力大而具有可塑性及成膜性能。在挤出机的前端安装吹塑

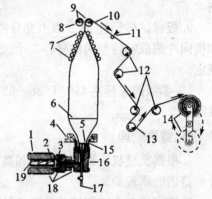

1—挤出料筒;2—过滤网;3—多孔板;4—风环;5—芯模;6—冷凝线;7—导辊;8—橡胶夹辊;9—夹送辊;10—不锈钢夹辊(被动);11—处理棒;12—导辊;13—均衡张紧辊;14—收卷辊;15—模环;16—模头;17—空气入口;18—加热器;19—树脂;20—膜管

图 1-45　吹塑薄膜工艺示意图

口模,黏流态的塑料从挤出机口模挤出成管坯后用机头底部通入的压缩空气使之均匀而自由地吹胀成直径较大的管膜,膨胀的管膜在向上被牵引的过程中,被纵向拉伸并逐步被冷却,并由"人"字板夹平和牵引辊牵引,最后经卷绕辊卷绕成双折膜卷。

在吹塑过程中,塑料从挤出机的机头口模挤出以致吹胀成膜,经历着黏度、相变等一系列的变化,与这些变化有密切关系的是挤出过程的各段物料的温度、螺杆的转速是否稳定,机头的压力和口模的结构、风环冷却及室内空气冷却以及吹入空气压力、膜管拉伸作用等相互配合与协调都直接影响薄膜性能的优劣和生产效率的高低。

1. 管坯挤出。挤出机各段温度的控制是管坯挤出最重要的因素。通常,沿机筒到机头口模方向,塑料的温度是逐步升高的,且要达到稳定的控制。本实验对 LDPE 吹塑,原则上机筒温度依次是 140℃,160℃,180℃递增,机头口模处稍低些。熔体温度升高,黏度降低,机头压力减少,挤出流量增大,有利于提高产量。但若温度过高和螺杆转速过快,剪切作用过大,易使塑料分解,且出现膜管冷却不良,这样,膜管的直径就难以稳定,将形成不稳定的膜泡"长颈"现象,所得泡(膜)管直径和壁厚不均,甚至影响操作的顺利进行。因此,通常挤出温度和速度控制得稍低一些。

2. 机头和口模。吹塑薄膜的主要设备为单螺杆挤出机,由于是平挤上吹,其机头口模是转向式的直角型,作用是向上挤出管状坯料。由于直角型机头有料流转向的问题,模具设计时须考虑设法不使近于挤出机一侧的料流速度大于另一侧,使薄膜厚度波动减少。为使薄膜的厚度波动在卷取薄膜辊上得到均匀分布,现常采用直角型旋转机头。口模缝隙的宽度和平直部分的长度与薄膜的厚度有一定的关系,如吹塑 0.03～0.05 mm 厚的薄膜所用的模隙宽度为 0.4～0.8 mm,平直部分长度为 7～14 mm。

3. 吹胀与牵引。在机头处通入压缩空气使管坯吹胀成膜管,调节压缩空气的通入量可以控制膜管的膨胀程度。衡量管坯被吹胀的程度通常以吹胀比 α 来表示。吹胀比是管坯吹胀后的膜管的直径 D_2 与挤出机环形口模直径 D_1 的比值,即:

$$\alpha = D_2/D_1 \tag{1}$$

吹胀比的大小表示挤出管坯直径的变化,也表明了黏流态下大分子受到横向拉伸作用力的大小。常用吹胀比在 2～6 之间。吹塑是一个连续成型过程,吹胀并冷却过程的膜管在上升卷绕途中,受到拉伸作用的程度通常以牵伸比 β 来表示,牵伸比是膜管通过夹辊时的速度 v_2 与口模挤出管坯的速度 v_1 之比,即:

$$\beta = v_2/v_1 \tag{2}$$

这样,由于吹塑和牵伸的同时作用,使挤出的管坯在纵横两个方向都发生取向,使吹塑薄膜具有一定的机械强度。因此,为了得到纵横向强度均等的薄膜,其吹胀比和牵伸比最好是相等的。不过在实际生产中往往都是用同一环形间隙口模,靠调节不同的牵引速度来控制薄膜的厚度,故吹塑薄膜纵横向机械强度并不相同,一般都是纵向强度大于横向强度。吹塑薄膜的厚度 δ 与吹胀比和牵伸比的关系可用下式表示:

$$\delta = \frac{b}{\alpha \cdot \beta} \tag{3}$$

式中,δ 为薄膜厚度,mm;b 为机头口模环形缝隙宽度,mm。

4. 风环冷却。风环是对挤出膜管的冷却装置,位于离模膜管的四周,操作时可调节风量的大小控制膜管的冷却速度。在吹塑聚乙烯薄膜时,接近机头处的膜管是透明的,但在约高于机头 20 cm 处的膜管就显得较浑浊。膜管在机头上方开始变得浑浊的距离称为冷凝线距离(或称冷却线距离)。从口模间隙中挤出的熔体在塑化状态被吹胀并被拉伸到最终的尺寸,薄膜到达冷凝线时停止变形过程,熔体从塑化态转变为故态。如果其他操作条件相同,随着挤出物料的温度升高或冷却速率降低,聚合物冷却至结晶温度的时间也将延长,所以冷却线也将上升。这样,薄膜从机头挤出后到冷却卷取的行程就要加长;在相同的条件下,冷却线的距离也随挤出速度的加快而加长,冷却线距离长短影响薄膜的质量和产量。实际生产中,可用冷却线距离的高低来判断冷却条件是否适当。用一个风环冷却达不到要求时,可用两个或两个以上的风环冷却。对于结晶型塑料,降低冷却线距离可获得透明度高和横向撕裂强度较高的薄膜。

5. 薄膜的卷绕。管坯经吹胀成管膜后被空气冷却,先经"人"字导向板夹平,再通过牵引夹辊,而后由卷绕辊卷绕成薄膜制品。"人"字板的作用是稳定已冷却的膜管,不让它晃动,并将它压平。牵引夹辊是由一个橡胶和一个金属辊组成,其作用是牵引和拉伸薄膜。牵引辊到口模的距离对成型过程和管膜性能有一定影响,其决定了膜管在压叠成双折前的冷却时间,这一时间与塑料的热性能有关。

三、试剂与仪器

(一)试剂

LDPE,吹膜级,颗粒状塑料。

(二)仪器

(1)SJ-20 单螺杆挤出机。

(2)直通式吹膜机头口模(见图 1-46)。

(3)冷却风环。

(4)牵引、卷取装置。

(5)空气压缩机。

(6)卡尺、测厚仪、台秤、秒表等。

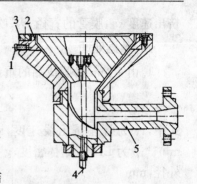

四、准备工作

1.原材料的准备：LDPE 干燥预热，在 70℃ 左右烘箱预热 1~2 h。

2.详细观察、了解挤出机和吹塑辅机的结构、工作原理、操作规程等。

3.根据实验原料 LDPE 的特性，初步拟定挤出机各段加热温度及螺杆转速，同时拟定其他操作工艺条件。

1—芯棒轴；2—口模；3—调节螺钉；4—压缩空气入口；5—机颈

图 1-46 吹塑薄膜用直通式机头

4.安装模具及吹塑辅机。

5.测量口模内径和管芯外径。

五、实验步骤

1.按照挤出机的操作规程，接通电源，开机运转和加热。检查机器运转、加热和冷却是否正常。机头口模环形间隙中心要求严格调整。对机头各部分的衔接、螺栓等检查并趁热拧紧。

2.当挤出机加热到设定值后稳定 30 min。开机在慢速下投入少量的 LDPE 粒子，同时注意电流表、压力表、温度计和扭矩值是否稳定。待熔体挤出成管坯后，观察壁厚是否均匀，调节口模间隙，使沿管坯圆周上的挤出速度相同，尽量使管坯厚度均匀。

3.开动辅机，以手将挤出管坯慢慢向上引入夹辊，使之沿导辊和收卷辊前进。通入压缩空气并观察泡管的外观质量。根据实际情况调整挤出流量、风环位置和风量、牵引速度、膜管内的压缩空气量等各种影响因素。

4.观察泡管形状变化，冷凝线位置变化及膜管尺寸的变化等，待膜管的形状稳定、薄膜折径已达实验要求时，不再通入压缩空气，薄膜的卷绕正常进行。

5.以手工卷绕代替收卷辊工作，卷绕速度尽量不影响吹塑过程的顺利进行。裁剪手工卷绕 1 min 的薄膜成品。

6.重复手工卷绕实验两次。

7.实验完毕，逐步降低螺杆转速，挤出机内存料，趁热清理机头和衬套内的残留塑料。

8.称量卷绕 1 min 薄膜成品的重量并测量其长度、折径及厚度公差。计算

挤出速度 v_1、膜管的直径 D_2、吹胀比 α、牵伸比 β、薄膜厚度 δ、吹膜产量 Q_m。

六、数据处理

1.由 1 min 薄膜成品的重量 Q 计算挤出速度 v_1：

$$v_1 = \frac{4 \times 1\,000 \times Q}{\pi \rho (D_1{}^2 - D^2)} \tag{4}$$

式中，v_1 为管坯挤出线速度，mm·min^{-1}；Q 为 1 min 薄膜成品的重量，g·min^{-1}；ρ 为 LDPE 熔体密度，g·cm^{-3}，取 0.91；D_1 为口模内径，mm；D 为管芯外径，mm。

2.由薄膜成品折径 d 计算膜管的直径 D_2，按式(1)计算吹胀比 α。

3.由 1 min 薄膜成品的长度，即牵引速度 v_2 和由式(4)计算的 v_1，按式(2)计算牵伸比 β。

4.由口模内径 D_1 和管芯外径 D 计算口模环形缝隙宽度 b，按式(3)计算薄膜厚度 δ。

5.由 1 min 薄膜成品的重量 Q 换算吹膜产量 Q_m(kg·h^{-1})。

七、注意事项

1.熔体挤出时，操作者不得位于口模的正前方，以防意外伤人。操作时严防金属杂质和小工具落入挤出机筒内。操作时要戴手套。

2.清理挤出机和口模时，只能用铜刀、棒或压缩空气，切忌损伤螺杆和口模的光洁表面。

3.吹胀管坯的压缩空气压力要适当，既不能使管坯破裂，又能保证膜管的对称稳定。

4.吹塑过程中要密切注意各项工艺条件的稳定，不应该有所波动。

实验三十七　塑料管材挤出实验

一、实验目的

1.了解塑料管材挤出成型工艺过程。

2.认识挤出机及管材挤出辅机的结构和加工原理。

3.加深理解挤出工艺控制原理并掌握其控制方法。

4.掌握塑料管材的性能检测方法。

二、实验原理

管材是塑料挤出制品中的主要品种，有硬管和软管之分。用来挤管的塑料品种很多，主要有聚氯乙烯、聚乙烯、聚丙烯、聚苯乙烯、尼龙、ABS 和聚碳酸酯等。本实验是(PE)管材的挤出。

PVC 塑料自料斗加入到挤出机,经挤出机的固体输送、压缩熔融和熔体输送由均化段出来塑化均匀的塑料,先后经过过滤网、粗滤器而达分流器,并为分流器支架分为若干支流,离开分流器支架后再重新汇合起来,进入管芯口模间的环形通道,最后通过口模到挤出机外而成管子,经过定径套定径和初步冷却,再进入具有喷淋装置的冷却水箱,进一步冷却成为具有一定口径的管材,最后经由牵引装置引出并根据规定的长度要求而切割得到所需的制品。图 1-47 为挤管工艺示意图。

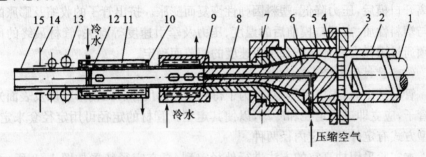

1—螺杆;2—机筒;3—多孔板;4—接口套;5—机头体;6—芯棒;7—调节螺钉;8—口模;9—定径套;10—冷却水槽;11—链子;12—塞子;13—牵引装置;14—夹紧装置;15—塑料管子

图 1-47 管材挤出工艺示意图

管材挤出装置由挤出机、机头口模、定型装置、冷却水槽、牵引及切割装置等组成,其中挤出机的机头口模和定型装置是管材挤出的关键部件。

(一)机头和口模

机头是挤出管材的成型部件,大体上可分直通式、直角式和偏移式三种,其中用得最多的是直通式机头,机头包括分流器及其支架、管芯、口模和调节螺钉等几个部分。

分流器又称鱼雷头,黏流态塑料经过粗滤板而达分流器,塑料流体逐渐形成环形,并使料层变薄,有利于塑料的进一步均匀塑化。分流器支架的作用是支撑分流器及管芯。

管芯是挤出的管材内表面的成型部件,一般为流线型,以便黏流态塑料的流动。管芯通常是在分流器支架处与分流器连接。黏流态塑料经过分流器支架后进入管芯与口模之间,管芯经过一定的收缩成为平直的料道。

在管材挤出过程中,机头压缩比表示黏流态塑料被压缩的程度。机头压缩比是分流器支架出口处流道环形面积与口模及管芯之间的环形截面积之比。压缩比太小不能保证挤出管材的密实,也不利于消除分流所造成的熔接痕;压缩比太大则料流阻力增加。机头压缩比一般在 3～10 的范围内。

口模的平直部分与管芯的平直部分构成管子的成型部件,这个部分的长短影响管材的质量。增加平直部分的长度,增大料流阻力,使管材致密,又可使料流稳定、均匀挤出,消除螺杆旋转给料流造成的旋转运动,但如果平直部分过长,则阻力过大,挤出的管材表面粗糙。一般口模的平直部分长度为内径的 2～6倍。管材的内外径应分别等于管芯的外径和口模的内径,但实际上从口模出来的管材由于牵引和冷却收缩等因素,将使管子的截面缩小一些;另一方面,在管材离开口模后,压力降低,塑料因弹性恢复而膨胀。挤出管子的收缩及膨胀的大小与塑料性质、离开口模前后的温度、压力及牵引速度等有关,管材最终的尺寸必须通过定径套冷却定型和牵引速度的调节而确定。

(二)管材的定径和冷却

管材挤出后,温度仍然很高,为了得到正确的尺寸和几何形状以及表面光洁的管子,应立即进行定径和冷却,以使其定型。管材的定径可用定径套来定型,定型方式有定外径和定内径两种。

本实验采用抽真空的方法进行外径定型,真空定径装置如图 1-48 所示,定型时在定径套上抽真空使挤出管子的外壁与定径套的内壁紧密贴合。经过定径后的管子进入喷淋水箱进一步冷却。冷却装置应有足够的长度,一般在 1.5～6m。

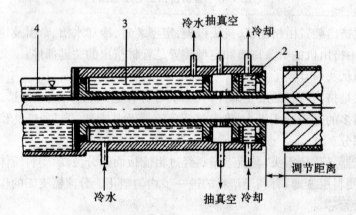

1—摸头;2—冷却区Ⅰ;3—冷却区Ⅱ;4—冷却区Ⅲ
图 1-48 真空定径装置

(三)管材的牵引和切割

牵引的作用是均匀地引出管子并适当地调节管子的厚度。为克服管材挤出胀大及控制管径,生产上一般使牵引速度比挤管速度大 1‰～10‰,并要求牵引装置能在较大范围内无级调速,且要求牵引速度均匀平稳,无跳动,否则会引起管子表面出现波纹、管壁厚度不均的现象。当管子递送到预定长度后,即可用切割装置将管子切断。

三、试剂与仪器

（一）试剂

LDPE,挤出级,颗粒状塑料。

（二）仪器

(1)SJ-45-25E 单螺杆挤出机。(2)直通式管材机头口模(如图 1-49 所示)。(3)外径定径装置。(4)真空泵。(5)喷淋水箱。(6)牵引装置。(7)切割装置。(8)卡尺、秒表等。(9)Zwick/Z020 万能材料试验机。

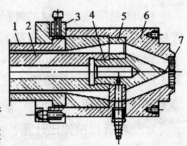

1—口模;2—芯模;3—调节螺栓;4—分流器;5—芯模支架;6—模体;7—栅板

图 1-49 直通式管材机头

四、准备工作

1.原材料准备。

2.详细观察、了解挤出机和挤管辅机的结构,工作原理,操作规程等。

3.初步拟定挤出机各段加热温度及螺杆转速,同时拟定其他操作的工艺条件。

4.安装模具及管材辅机。

5.测量挤出口模的内径和管芯的外径及定径装置尺寸。

五、实验步骤

1.按照挤出机的操作规程,接通电源,对挤出机和机头口模加热。

2.当挤出机各部分达到设定温度后,再保温 30 min。检查机头各部分的衔接、螺栓,并趁热拧紧。机头口模环形间隙中心要求严格调整。

3.开动挤出机,由料斗加入塑料粒子,同时注意主机电流表、温度表和螺杆转速是否稳定。

4.待熔体挤出口模后,用一根同种材料、相同尺寸的管材与挤出的管坯黏结在一起,经拉伸使管坯变细引入定径装置。

5.启动定径装置的真空泵,调节真空度在−0.045～−0.08 MPa。

6.开启喷淋水箱的冷却水,将管材通过喷淋水箱。

7.开动牵引装置,将管材引入履带夹持器。调节牵引速度使之与挤出速度相配合。

8.根据对挤出管材的规格要求,对各工艺参数进行相应的调整,直至管材正常挤出。

9. 待正常挤出并稳定 10～20 min,用切割装置截取一段 50 mm 的管材。间隔 10 min,重复截取两段同样尺寸的管材。

10. 实验完毕,挤出机内存料,趁热清理机头和多孔板的残留塑料。

11. 测量所截取管材的外径和内径、同一截面的最大壁厚和最小壁厚,计算管材拉伸比 L、管材壁厚偏差 δ。

12. 取截取的 50 mm 管材,要求两端截面与轴线垂直,在 20℃ 的环境中放置 4 h 以上,在材料试验机上进行扁平试验。

六、数据处理

1. 塑料管材拉伸比计算:

$$L=\frac{(D_2-D_1)^2}{(d_2-d_1)^2} \tag{1}$$

式中,L 为塑料管拉伸比;D_2 为口模的内径,mm;D_1 为管芯的外径,mm;d_2 为塑料管外径,mm;d_1 为塑料管内径,mm。

2. 塑料管材壁厚偏差计算:

$$\delta=\frac{\delta_1-\delta_2}{\delta_1}\times100 \tag{2}$$

式中,δ 为管材壁厚偏差,%;δ_1 为管材同一截面的最大壁厚,mm;δ_2 为管材同一截面的最小壁厚,mm。

3. 扁平试验

将管材试样水平放入试验机的两个平行压板间,以 10～25 mm·min^{-1} 的速度压缩试样,试样被压缩至外径的 1/2 距离时停止,用肉眼观察试样有无裂缝及破裂现象,无此现象为合格。

七、注意事项

1. 开动挤出机时,螺杆转速要逐步上升,进料后密切注意主机电流,若发现电流突增应立即停机检查原因。

2. 清理机头口模时,只能用铜刀或压缩空气,多孔板可火烧清理。

3. 本实验辅机较多,实验时可数人合作操作。操作时分工负责,协调配合。

实验三十八　硬聚氯乙烯的成型加工

一、实验目的

1. 掌握聚氯乙烯配方设计的基本知识。

2.掌握硬聚氯乙烯成型加工各个环节及其与制品质量的关系。

3.了解聚氯乙烯成型加工常用设备的基本结构原理,学会加工设备的操作方法。

4.掌握塑料抗冲试样的制备和性能测试技术。

二、实验原理

聚氯乙烯(PVC)塑料是应用广泛的热塑性塑料。通常 PVC 塑料可分为软、硬两大类,二者的主要区别在于塑料中增塑剂的含量。

纯粹的 PVC 树脂是不能单独成为塑料的,因为 PVC 树脂具有热敏性,加工成型时在高温下很容易分解,且熔融黏度大、流动性差,因此在 PVC 中都需要加入适当的配合剂,通过一定的加工程序制成均匀的复合物,才能成型得到制品。PVC 塑料的成型加工包括配方设计、混合与塑化、成型等工艺过程。本实验是采用压制法获得硬 PVC 板材并测量其力学性能。

(一)配方设计

PVC 塑料是多组分塑料,为了使 PVC 塑料具有良好的加工性能和使用性能,塑料中各组分的选择和配合是很重要的。

PVC 树脂是配方的主体,它决定材料的主要性能。PVC 树脂通常是白色粉状固体,有不同的形态和颗粒细度,也有不同聚合度的几种型号。生产不同的制品对树脂的形态粒度及分子量高低的要求是不同的。本实验为硬质 PVC 的一个基本配方,选用聚合度为 700～1 000 的悬浮法疏松型树脂。它有较好的加工性能,又能满足硬 PVC 的要求。

由于使用上的要求有所不同,PVC 塑料可以配制成硬度差异很大的材料。通常在配方中增塑剂含量在 10 phr 以内,所得材料硬度较大,而增塑剂在 40～70 phr 时所得材料柔软而富于弹性。但如果配方中加入大量的填充料,即使增塑剂用量较多时,也可成为硬性材料。DOP(邻苯二甲酸二辛酯)用作增塑剂,其极性较大,与 PVC 有良好的相容性,增塑效率高,少量加入可以大大改善加工性能而又不至于过多降低材料的硬性。

由于 PVC 树脂受热易分解,在加工过程中容易分解放出 HCl,因此必须加入碱性的三盐基硫酸铅和二盐基亚磷酸铅,使 HCl 中和,否则树脂的降解现象会愈加剧烈。此外,又因 PVC 在受热情况下还有其他复杂的化学变化,为此在配方中还加入硬脂酸盐类化合物,同样起热稳定作用。几种稳定剂同时应用,各种组分独特效能和它们之间的协同效应,将会使材料在高温等条件下不至于被破坏。添加石蜡等润滑剂,起到降低熔体黏度、利于加工、成型时易脱模等作用。在 PVC 塑料中添加碳酸钙等填充剂,可大大降低产品的成本。

此外,为了改善 PVC 塑料的抗冲性能、耐热性能和加工流动性,常可按要求加入各种改性剂,如 CPE、ACR 等抗冲改性剂,丙烯酸酯类和苯乙烯类共聚物等加工改性剂和热性能改性剂。

(二)混合与塑化

PVC 塑料是多组分物料,其配制通常要经过混合和塑化两个工序。混合可以在高速混合机或捏合机中进行,是物料的初混合,它是在 PVC 的流动温度以下和较小的剪切作用力下进行的,目的是提高树脂的颗粒和各组分之间的分布均匀性,属非分散混合。混合时由于设备对物料的加热和搅拌作用,使各组分有相互对流的效果;物料层间的剪切作用,彼此间增大了接触面。这样,树脂颗粒在吸收液体配合剂的同时,又受到反复捏合,最终便形成均匀的粉状掺混物。物料混合的终点可以凭经验观察混合物颜色的变化,是否均匀;也可取样热压薄试片,并借助放大镜观察白色的稳定剂和着色剂斑点的大小和分布是否均匀,以及有无物料结聚粗粒等状况,以判断混合的均匀程度。

塑化过程是在树脂的流动温度以上和强大的剪切作用力下在双辊筒炼塑机或密炼机中进行的,是物料在初混合的基础上的再混合过程,使发生粒子尺寸减小到极限值,同时增加相界面和提高混合物组分均匀性的混合过程。在此过程中,树脂熔融流动,以大分子的形式同各组分接触、掺混,在剪切力的作用下受挤压、折叠,物料相互分散更均匀。与此同时驱出物料中的水分和挥发性气体,增大了密度。这样,通过混合与塑化,物料就成为既均匀又有良好的流动性和适宜的密度的可塑性物料。

对 PVC 塑料来说,混合和塑化的全过程都应该是物理变化过程,应严格控制温度和作用力,要尽量避免可能发生的化学反应,或把可能发生的化学变化控制到最低的限度。因此,在混合和塑化时,凡是对料温和剪切作用等有关的工艺参数、设备的特征及操作的熟练程度等都是影响混合和塑化效果的重要因素。

(三)压制成型

PVC 塑料适合多种成型加工方法生产各种各样的制品。本实验是应用压制法加工成 PVC 硬板。成型过程包括物料的熔融、流动、充模成型和最后冷却定型等程序,是物理变化过程,不应发生化学变化。正确选择和控制压制的温度、压力、保压的时间及冷却定型程度等都是很重要的。

硬 PVC 塑料成型温度、流动与成型的时间关系如图 1-50 所示。压制成型时,通常在不影响制品性能的前提下,如果适当提高成型温度,可以缩短成型时间,而且可降低成型压力,减少动力消耗。但是采用过高的压制温度或过长的受热时间都会

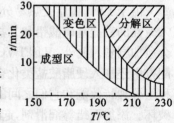

图 1-50　硬 PVC 成型温度范围

使树脂降解、制品变色,质量全面下降。因此,压制工艺条件要适宜。

三、试剂与仪器

(一)试剂

下列指导性实验配方,学生可自行设计配方。

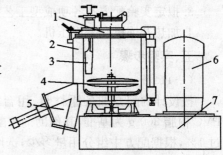

PVC 树脂(SW-1000)	100
邻苯二甲酸二辛酯(DOP)	5
三盐基性硫酸铅	3
二盐基亚磷酸铅	2
硬脂酸钡	1.5
硬脂酸钙	1.0
石蜡	0.5
轻质碳酸钙	0~15
CPE 或 ACR	0~10
着色剂	适量

1—容器盖;2—回转容器;3—挡板;4—快速叶轮;5—放料口;6—电动机;7—机座

图 1-51 高速混合机

此配方为制备 PVC 硬板。

(二)仪器

(1)GH-10 型高速混合机:高速混合机的基本结构如图 1-51 所示用于物料的初混合。

(2)SK-160B 型双辊筒开放式炼塑机。开放式炼塑用于物料的塑化分散混合。

(3)250 KN 电热平板压机:平板压机用于压制成型。

(4)塑料板材模具,型腔尺寸为 220 mm×170 mm×4 mm。

(5)XJS 制样机:制样机包括板材切断机、缺口铣切机和哑铃形铣切机三部分,是对已成型的塑料板材进行机械切削加工的设备,可以加工塑料及其他非金属材料板材的冲击、拉伸、压缩和热性能等多种试验用的标准试样。

(6)XJJ-5 简支梁冲击仪:包括机架、摆锤和指示系统三部分。

(7)台秤、盘架天平、弓形表面温度计、游标卡尺、瓷盘、炼胶刀等。

四、准备工作

1. 在指导教师和实验室工作人员的指导下,按机器的操作规程开动高速混合机、开放式炼塑机和平板压机,观察机器是否运转正常,试验开炼机急刹车装置。

2. 检查高速混合机内有无杂物并清洗干净;检查开炼机辊缝中是否有杂质

粘积在辊筒上,以免损坏辊筒,辊筒表面应清洗干净、光洁。

3. 拟定实验配方及各项成型工艺条件。

4. 加热开炼机和平板压机。

五、实验步骤

（一）配料

按设计的配方准备原材料,用台秤和盘架天平准确称量并复核备用。以 PVC 树脂 300 g 为基准,其他助剂按配比称量。所有组分的称量误差都不应超过 1%,根据配方中组分用量多少,选用灵敏度适当的天平或台秤。

（二）混合

（1）将已称量好的 PVC 树脂和粉状配合剂组分加入到高速混合机中,盖上釜盖,开机混合 2~3 min。搅拌浆转速调整至 1 500 r·min⁻¹,同时加热,温控 80℃左右。

（2）停机,将液状组分徐徐加入,再开机混合 5 min。

（3）高速混合的全部时间通常为 7~8 min。达到混合时间后,停机,打开出料阀卸料备用。

（4）待物料排出后,静止 5 min,打开釜盖,扫出混合器内全部余料。

（三）开炼塑化

（1）辊筒恒温后,开动机器运转并调节辊筒间隙在 0.5~1 mm 范围内。

（2）在两辊筒的上部加入初混合的物料。开始操作时,从辊筒间隙落下来的物料应立即加往辊筒上,不能让其在辊筒下方接料盘内停留时间过长,且注意要经常保持一定量的辊隙上方存料。待辊筒表面出现均匀的塑化层时,混合料从易碎的、不连续的凝胶状转为黏结包辊的连续状料层,此时可渐渐放宽辊距,控制一定的料层厚度,以便进一步进行切割翻炼。

（3）用炼胶刀不断地切割料层并使之从辊筒上拉下来折叠后再投入辊缝间辊压;或者把料层翻卷成卷后再使之垂直于辊筒轴向进入辊缝,经过数次这样的翻炼,使各组分尽可能分散均匀。

（4）将辊距调至 1 mm 以内,使塑化料变成薄层通过辊缝。以打卷或打包形式薄通 1~2 次。若观察物料色泽均匀、切口断面不显毛粒、表面光洁并有一定的强度时,开炼塑化即可终止。从开始投料至塑化完全一般控制在 10 min 以内。

（5）塑化完成后,用炼胶刀把包辊层整片拉下、平整放置,同时裁剪成适当尺寸的板坯,以备压制成型时用。

（四）压制成型

本实验要求压制成型硬 PVC 板材尺寸为 220 mm×170 mm×4 mm。

(1)通过加热和温控装置将上、下模板温度控制在180℃±5℃。

(2)将压制模具放入压机上、下模板间在压制温度下预热10 min。

(3)按成型模具的容积及硬PVC塑料的比重(约1.4)计算加料量,称量裁剪好的硬PVC塑化板坯约230 g,放置在模具的模腔内,模具闭合后置于压机模板的中心位置,在已加热的模板间接触闭合的情况下(未受压力)预热约10 min。

(4)开动压机加压至所需的表压读数,使受热熔化的塑料慢慢流动而充满模具的型腔,经2~5次卸压放气后,在恒压下保持约5 min。硬PVC压制成型的热压压力为5~10 MPa。应根据压制板材的面积及压机的技术参数计算压制成型时压机的表压(操作压力)。

(5)卸压取出模具,连同压制成型的物料趁热迅速转至同样规格的冷压机上,快速加压至冷压所需的表压读数,在受压条件下进行冷却定型。热压压力为15~20 MPa。

(6)冷却定型的时间应视实验时的环境温度而异。要求冷却到80℃以下,待硬PVC板材充分冷却固化后,解除压力,脱模去除毛边即得制品。

(五)制样

在XJS制样机上把硬PVC板切割成简支梁型冲击试样5根。按GB/Tl043—93的规定冲击试样的尺寸为50 mm×6 mm×4 mm,在试样中部开缺口,缺口深度为试样高度的1/3,缺口宽度为0.8 mm。缺口试样要求切口平整、表面光洁、无杂质及气泡等。

(六)性能测试

硬PVC有多项使用性能,其中最主要的有拉伸强度、弯曲强度和冲击强度、热变形温度、受热尺寸变化率和耐酸碱腐蚀性能等。本实验仅测试其常温简支梁缺口冲击强度。将5个简支梁型冲击试样进行编号,用游标卡尺测量试样宽度和剩余缺口厚度。按GB/Tl043—93的规定在简支梁冲击试验机上测试硬PVC的缺口冲击强度。试验温度为23℃±2℃。

六、数据处理

在简支梁冲击试验机上获得的是试样冲断时消耗的功,此功除以试样的横截面积,即为材料的冲击强度 α_i(kJ·m^{-2})

$$\alpha_i = \frac{A}{bd_i}$$

式中,A为冲断试样所消耗的功,kJ;b为试样宽度,m;d_i为试样缺口剩余厚度,m。

七、注意事项

1.配料称量要准确。称好的各组分最好经过磁选并尽量研碎后分别放置,经复核无误漏才进行下一步的混合。

2.高速混合机必须在转动的情况下调整转速。

3.开炼机和压机的温度须严格控制,压机上、下模板温度要一致。

4.开炼机和压机操作时须严格按操作规程进行,要戴双层手套,严防烫伤。

5.压制时模具尽量放置在压机平板中央,以免塑料受压不均而导致制品厚度和质量的不均。

6.脱模取出制品时用铜条,以防损坏模具及划伤制品。

第二章　综合实验

实验三十九　双酚 A 型环氧树脂综合实验

一、实验目的

1. 掌握双酚 A 型环氧树脂的实验室制法。
2. 掌握环氧值的测定方法
3. 了解环氧树脂的使用方法和性能。

二、实验原理

环氧树脂是指含有环氧基的聚合物。它是一种多品种、多用途的新型合成树脂,且性能很好,对金属、陶瓷、玻璃等许多材料具有优良的黏结能力,所以有万能胶之称。又因为它的电绝缘性能好、体积收缩小、化学稳定性高、机械强度大,所以广泛地被用做黏结剂、增强塑料(玻璃钢)、电绝缘材料、铸型材料等,在国民经济建设中发挥着很大作用。

双酚 A 型环氧树脂是环氧树脂中产量最大、使用最广的一个品种,它是由双酚 A 和环氧氯丙烷在氢氧化钠存在下反应生成的。其反应式如下:

$$(n+2)CH_2-CH-CH_2Cl + (n+1)HO-\bigodot-\underset{CH_3}{\overset{CH_3}{C}}-\bigodot-OH \xrightarrow{NaOH}$$

$$CH_2-CH-CH_2\left[O-\bigodot-\underset{CH_3}{\overset{CH_3}{C}}-\bigodot-O-CH_2-CH-CH_2\right]_n O-\bigodot-\underset{CH_3}{\overset{CH_3}{C}}-\bigodot-O-CH_2-CH-CH_2+nHCl$$

改变原料配比、聚合反应条件(如反应介质、温度及加料顺序等),可获得不同分子量与软化点的环氧树脂。为使产物分子链两端都带环氧基,必须使用过量的环氧氯丙烷。

环氧树脂中环氧基的含量是反应控制和树脂应用的重要参考指标,根据环氧基的含量可计算产物分子量,环氧基含量也是计算固化剂用量的依据。环氧基含量可用环氧值或环氧基的百分含量来描述。环氧基的百分含量是指每 100 g 树脂中所含环氧基的质量。而环氧值是指每 100 g 环氧树脂所含环氧基的摩尔数。因为环氧树脂中的环氧基在盐酸的有机溶液中能被 HCl 开环,所以测定消耗的 HCl 量,即可算出环氧值。过量的 HCl 用标准 NaOH-乙醇液回滴。相对分子质量小于 1 500 的环氧树脂,其环氧值的测定用盐酸-丙酮滴定法测定,分子量高的用盐酸-吡啶滴定法。

环氧树脂未固化时为热塑性的线型结构,使用时必须加入固化剂。环氧树脂的固化剂种类很多,有多元胺、羧酸、酸酐等。使用多元胺固化时,固化反应为多元胺的氨基与环氧预聚体的环氧端基之间的加成反应。该反应无需加热,可在室温下进行,叫冷固化。反应式如下:

$$2CH_2—CH—R—CH—CH_2 + H_2N—R'—NH_2 \longrightarrow$$
$$\underset{O}{\quad}\qquad\underset{O}{\quad}$$

$$CH_2—CH—R—CH—CH_2\sim NH—R'—NH\sim CH_2—CH—R—CH—CH_2$$
$$\underset{O}{\quad}\qquad\underset{OH}{\quad}\qquad\qquad\underset{OH}{\quad}\qquad\underset{O}{\quad}$$

三、试剂与仪器

试剂:双酚 A 22 g;环氧氯丙烷 28 g;NaOH 水溶液(8 g NaOH 溶于 20 mL 水);苯 60 mL;蒸馏水;少量 AgNO₃溶液;盐酸-丙酮溶液(将 2 mL 浓盐酸溶于 80 mL 丙酮中,混合均匀);NaOH 乙醇溶液(将 4 g NaOH 溶于 100 mL 乙醇中,以酚酞作指示剂,用标准苯二甲酸氢钾溶液标定)。

仪器:装有搅拌器、冷凝管、温度计、滴液漏斗的四颈瓶 1 套;恒温水浴 1 套;分液漏斗(250 mL)1 个;旋转蒸发仪;碘瓶(125 mL)2 只;移液管(25 mL)2 支;滴定管 1 支;表面皿 1 个。

四、实验步骤

(一)树脂合成

在装有搅拌器、冷凝管、温度计和滴液漏斗的四颈瓶中分别加入 22 g 双酚 A、28 g 环氧氯丙烷,开动搅拌,加热升温至 75℃,待双酚 A 全部溶解后,将 NaOH 水溶液自滴液漏斗中慢慢滴加到反应瓶中,注意保持反应温度在 70℃左右,约 0.5 h 滴完。在 75℃～80℃继续反应 1.5～2 h,可观察到反应混合物呈乳黄色。停止加热,冷却至室温,向反应瓶中加入 30 mL 蒸馏水和 60 mL 苯,充分搅拌后,倒入 250 mL 的分液漏斗中,静置,分去水层,油层用蒸馏水洗涤数次,直至水层为中性且无氯离子(用 AgNO₃溶液检测)。油相用旋转蒸发仪除去绝大部分的苯、水、未反应环氧氯丙烷,再真空干燥得环氧树脂。

(二)环氧值的测定

取 125 mL 碘瓶两只,各准确称取环氧树脂约 1 g(精确到 mg),用移液管分别加入 25 mL 盐酸-丙酮溶液,加盖摇动使树脂完全溶解。在阴凉处放置约 1 h,加酚酞指示剂 3 滴,用 NaOH 乙醇溶液滴定,同时按上述条件作空白对比两个。

环氧值 E 按下式计算：

$$E=\frac{(V_1-V_2)c}{1\,000m}\times100=\frac{(V_1-V_2)c}{10m}$$

式中，V_1 为空白滴定所消耗 NaOH 溶液体积，mL；V_2 为样品消耗的 NaOH 溶液体积，mL；c 为 NaOH 溶液的浓度，mol·L^{-1}；m 为树脂质量，g。

（三）树脂固化

实验树脂以乙二胺为固化剂的固化情况。在一干净的表面皿中称取 4 g 环氧树脂，加入 0.3 g 乙二胺，用玻璃棒调和均匀，室温放置，观察树脂固化情况。记录固化时间。

（四）树脂性能测试

参照前面实验内容，对树脂进行拉伸强度、弯曲强度和冲击强度等力学性能测试。

五、思考题

1. 合成环氧树脂的反应中，若 NaOH 的用量不足，将对产物有什么影响？
2. 环氧树脂的分子结构有何特点？为什么环氧树脂具有良好的黏结特性？
3. 根据所测环氧值计算所得聚合物产物的分子量。
4. 为什么环氧树脂使用时必须加入固化剂？固化剂的种类有哪些？

实验四十 聚甲基丙烯酸甲酯综合实验

一、实验目的

1. 了解自由基本体聚合的特点和实验方法。
2. 掌握和了解有机玻璃的制造和操作技术的特点，并测定制品的透光率。

二、实验原理

本体聚合是指单体在少量引发剂下或者直接在热、光和辐射作用下进行的聚合反应，因此本体聚合具有产品纯度高、无需后处理等特点。本体常常用于实验室研究，如聚合动力学的研究和竞聚率的测定等。工业上多用于制造板材和型材，所用设备也比较简单。本体聚合的优点是产品纯净，尤其是可以制得透明样品。其缺点是散热困难，易发生凝胶效应，工业上常采用分段聚合的方式。

有机玻璃板就是甲基丙烯酸甲酯通过本体聚合方法制成。聚甲基丙烯酸甲酯（PMMA）具有优良的光学性能、密度小、机械性能、耐候性好。在航空、光学仪器、电器工业、日用品方面有着广泛用途。

MMA 是含不饱和双键、结构不对称的分子，易发生聚合反应，其聚合热为

$56.5 \text{ kJ} \cdot \text{mol}^{-1}$。MMA 在本体聚合中的突出特点是有"凝胶效应",即在聚合过程中,当转化率达 10%～20% 时,聚合速率突然加快。物料的黏度骤然上升,以致发生局部过热现象。其原因是由于随着聚合反应的进行,物料的黏度增大,活性增长链移动困难,致使其相互碰撞而产生的链终止反应速率常数下降;相反,单体分子扩散作用不受影响,因此活性链与单体分子结合进行链增长的速率不变,总的结果是聚合总速率增加,以致发生爆发性聚合。由于本体聚合没有稀释剂存在,聚合热的排散比较困难,"凝胶效应"放出大量反应热,使产品含有气泡影响其光学性能。因此在生产中要通过严格控制聚合温度来控制聚合反应速率,以保证有机玻璃产品的质量。

甲基丙烯酸甲酯本体聚合制备有机玻璃常常采用分段聚合方式,先在聚合釜内进行预聚合,后将聚合物浇注到制品型模内,再开始缓慢后聚合成型。预聚合有几个好处:一是缩短聚合反应的诱导期并使"凝胶效应"提前到来,以便在灌模前移出较多的聚合热,以利于保证产品质量;二是可以减少聚合时的体积收缩。因 MMA 由单体变成聚合体体积要缩小 20%～22%,通过预聚合可使收缩率小于 12%,另外浆液黏度大,可减少灌模的渗透损失。

三、试剂与仪器

试剂:甲基丙烯酸甲酯 MMA30 g、过氧化二苯甲酰(BPO)0.03 g。

仪器:三角烧杯 1 个、三口烧瓶 1 个、搅拌装置 1 套、球形冷凝管 1 根、71 型或 72 型分光光度计,内卡尺游标,硅玻璃片 3 片。

四、实验步骤

(一)有机玻璃板的制备

一般分为下列几个主要步骤:(1)制模;(2)预聚合(制浆);(3)灌浆;(4)后聚合;(5)脱模。

1. 制模:取三块 40 mm×70 mm 硅玻璃片洗净并干燥。把三块玻璃片重叠、并将中间一块纵向抽出约 30 mm,其余三断面用涤纶绝缘胶带封牢。将中间玻璃抽出,作灌浆用。

2. 预聚合:在 100 mL 三角烧杯中加入甲基丙烯酸甲酯 30 g,再称量 BPO 重 0.03 g,轻轻摇动至溶解,倒入三口烧瓶中。搅拌下于 80℃～90℃水浴中加热预聚合,观察反应的黏度变化至形成黏性薄浆(似甘油状或稍黏些,反应需0.5～1 h),迅速冷却至室温。

3. 灌浆:将冷却的黏液慢慢灌入模具中,垂直放置 10 min 赶出气泡,然后将模口包装密封。

4. 聚合:将灌浆后的模具在 50℃的烘箱内进行低温聚合 6 h,当模具内聚合物基本成为固体时升温到 100℃，保持 2 h。

5. 脱模：将模具缓慢冷却到 50℃～60℃，撬开硅玻璃片，得到有机玻璃板。

（二）有机玻璃透光率的测定

利用分光光度计可测定所制产品的透明度。

1. 试样制备：试样尺寸为 10 mm×50 mm，厚度按原厚度，用内卡尺测定其厚度。

2. 71 型或 72 型的测定方法（或者参见说明书）：

（1）接通 220 V 恒压电源。

（2）打开仪器电源，恒压器及光源开关。

（3）开启样品盖，打开工作开关。将检流计光点调至透明度"O"点位置。

（4）调节所要波长 46.5nm。

（5）将光度调节到满刻度 100％位置。

（6）放入试样，关上样品盖。所测得的透光度即为样品的透光度。

（7）逐一关闭各开关，再关闭总开关。

注：为了产品脱模方便，可在硅玻璃片表面涂一层硅油，但量一定要少，否则影响产品的透光度。

实验四十一　苯丙乳液聚合综合实验

一、实验目的

1. 了解乳液聚合特点，配方及各组分的作用。

2. 熟悉苯丙乳液的制备及用途，掌握实验室制备苯丙乳液的聚合方法。

二、实验原理

乳液聚合是指单体在乳化剂的作用下分散在介质中，加入水溶性引发剂，在搅拌或振荡下进行的非均相聚合反应。它既不同于溶液聚合，也不同于悬浮聚合。乳化剂是乳液聚合的主要成分。乳液聚合的引发、增长、终止都在胶束的乳胶粒内进行。单体液滴只是贮藏单体的仓库。反应速率主要决定于粒子数，具有快速、分子量高的特点。

苯丙乳液是苯乙烯、丙烯酸酯类、丙烯酸三元共聚乳液的简称。苯丙乳液作为一类重要的中间化工产品，有其非常广泛的用途，现已用作建筑涂料、金属表面胶乳涂料、地面涂料、纸张黏合剂、胶黏剂等，具有无毒、无味、不燃、污染少、耐候性好、耐光、耐腐蚀性优良等特点。

本实验以苯乙烯、丙烯酸丁酯、丙烯酸等为原料，过硫酸铵为引发剂，十二烷基硫酸钠、OP-10 和 $NaHCO_3$ 为乳化剂,水为分散介质进行乳液聚合。苯乙烯在水相中溶解度很小,主要以胶束成核,乳化剂可以使互不相溶的单体-水转变为稳定的不分层的乳液。

三、试剂

丙烯酸丁酯,苯乙烯,丙烯酸,十二烷基硫酸钠,OP,过硫酸铵,$NaHCO_3$,磷酸三丁酯。

四、实验步骤

(一)乳液聚合

称取过硫酸铵 0.20 g 溶于 5 mL 水中备用。称取乳化剂十二烷基硫酸钠 0.20 g,OP-10 0.3 g,$NaHCO_3$ 0.1 g 的混合液 15 g,称取丙烯酸丁酯 18 g,苯乙烯 15 g,丙烯酸 1.5 g,混合在烧杯中备用。在装有电动搅拌器、温度计(滴液漏斗)、冷凝管的 250 mL 三颈瓶中加入 50 g 蒸馏水,再加入乳化剂和混合原料的一半,同时加入一半引发剂,开动搅拌,在 78℃～83℃ 反应 20 min。滴加剩余的原料和引发剂,在 30 min 内滴完,然后在 85℃～87℃ 反应 2 h,降温至 40℃ 以下,加入磷酸三丁酯等助剂后放料。

(二)性能测试

(1)转化率的测定:称取少量乳液(约 2 g)于培养皿中,再加入微量阻聚剂对苯二酚,放入 120℃ 烘箱中干燥 2 h,取出冷却后再称量,计算单体总转化率。

(2)凝胶率:将制备的乳液过滤,残余物置于烘箱中烘干称量,则凝胶率为:

$$凝胶率=凝胶物质量/单体总质量×100\%$$

(3)化学稳定性测定:用 5% $CaCl_2$ 溶液滴定 20 mL 乳液,观察是否出现絮凝、破乳现象。

(4)玻璃化温度的测定:将一定量乳液置于烧杯中,加入甲醇使聚合物沉淀,经干燥后得到聚合物,用 DSC 仪测定其玻璃化转变温度。

(三)结构表征

聚合物经 THF 溶解后,采用涂膜法进行红外光谱测定,指出聚苯乙烯、聚甲基丙烯酸甲酯、聚丙烯酸丁酯的特征吸收峰。

五、思考题

1. 比较乳液聚合、溶液聚合、悬浮聚合的反应特点。
2. 乳化剂的作用是什么?
3. 本实验操作应注意哪些问题?

实验四十二 塑料模压制板综合实验

一、实验目的

1. 掌握塑料模压成型基本原理和工艺控制过程。

2. 了解酚醛塑料模塑粉配方以及模压成型工艺参数对产品性能及外观质量的影响。

3. 正确掌握液压机及压模的操作使用方法。

4. 了解液压机的基本结构及运转原理。

二、实验原理

热固性塑料模压成型是将缩聚反应到一定阶段的热固性树脂及其填充混合料放入成型温度下的压模型腔中,然后闭模加压,借助热和压力的作用,由固体变成半液体,并在这种状态下充满型腔取得一定的型样。此时,带活性基团的树脂分子产生化学交联而形成网状结构,经过一段时间保压,随着交联作用的加深,树脂完成聚合反应而固化成型,脱模即得所需制品。在热固性塑料模压成型过程中,温度、压力和在压力作用下的持续时间是重要的工艺参数,它们之间既有各自的作用又有相互制约。

（一）模压温度

在其他工艺条件一定的情况下,热固性塑料模压过程中的温度不仅影响其流动状态而且决定成型过程中交联反应的速度。温度高,有利于缩短模压周期,改善制品物理力学性能,但温度过高,熔体流动性会降低以至于充不满模腔,或表面层过早固化而影响水分、挥发物排出,这不仅要降低制品的表面质量,在开模时还可能出现制品膨胀、开裂等不良现象。反之,模压温度过低,固化时间延长,交联反应不完善也要影响制品质量,同样会出现制品表面灰暗、粘模和力学性能下降等问题。

（二）模压压力

模压压力的选择取决于塑料类型、制品结构、模压温度及物料是否预热等因素。一般来讲,增大模压压力可增进塑料熔体的流动性、降低制品的成型收缩率,使制品更密实;压力过小会增多制品带气孔的机会。不过,在模压温度一定时,仅仅就增大模压压力并不能保证制品内部不存在气泡,况且,压力过高还会增加设备的功率消耗,影响模具的使用寿命。

（三）模压时间

模压时间指压模完全闭合至开模所需时间。模压时间的长短也与塑料的类型、制品形状、厚度、模压工艺及操作过程有密切关系。通常随制品厚度增加,模压时间相应增长,适当增加模压时间,可减少制品的变形和收缩率。如采用预热、预压、排气及提高模具温度等措施可以缩短模压时间,从而提高生成效率。但是,倘若模压时间过短,固化未完全,开模后制品易翘曲、变形或表面无光泽,甚至影响其物理机械性能。

除此之外,塑料粉的工艺性能、模具结构和表面粗糙度等都是影响制品质量的重要因素。

三、实验原料及仪器设备

（一）实验原料

酚醛树脂原料（苯酚、甲醛（37%）、草酸）、填料及其他添加剂组成的热固性塑料粉。本实验采用的酚醛树脂模塑粉配方如表2-1。

表 2-1　实验用酚醛树脂模塑粉配方

原材料	质量分数	原材料	质量分数
酚醛树脂	100	木粉（云母）	100
六次甲基四胺	13	硬脂酸锌	1.5
轻质氧化镁	2	炭黑	0.5
硬脂酸镁	2		

（二）主要仪器设备

聚合反应装置（搅拌器、回流冷凝管、温度计、三口烧瓶）、平板硫化机（液压机）、移动式压模（或长条、哑铃和圆饼形状的试样模具）

四、实验步骤

1. 酚醛树脂合成:见实验八。

2. 酚醛树脂模塑粉配制按表 2-1 配方称量,将各组分放入捏合机中,搅拌 30 min 后,将塑料粉装入塑料袋中备用。

3. 酚醛塑料粉的模压成型:

（1）熟悉压机的结构和压机在手动、半自动状态下的操作程序,检查压机各部分的运转、加热情况是否良好,并记录压机的主要技术规范。

（2）按照表 2-2 拟定成型温度、压力和时间等工艺条件。根据模具型腔的尺寸和模压压力分别计算出所需模塑粉量和压制的总压力,并结合实验用压机吨位计算出模压成型时压机的表压。

（3）将压模放到压机上并预热到拟定温度（预热时应将压机压板与压模接触）。

表 2-2　模压成型工艺条件

项目	模塑料种类	
	粒径＜3 mm	粒径≥3 mm
成型温度/℃	160±2	160±2
成型压力/MPa	25～40	40～60
固化时间/(min·mm^{-1})	1	1

（4）取出压模,然后在脱模框架上将压模脱开,用纱头将型腔上下凸模拂拭干净并涂以少量的脱模剂,随即把预先计算称量好的酚醛塑料粉加入模腔内,堆成中间稍高的形式,迅速闭模,放到压机热板中心位置上。

（5）开动压机,施加压力至拟定值,经少许时间后,减压让压模松动排出其中的气体,再施加压力至拟定值,并按工艺条件保压一定时间。

（6）固化结束卸压、脱模,取出制品,用铜刀清理干净模具并重新组装待用。

（7）检查制件是否符合外观要求,并记录编号保存,以备性能测试。

（8）改变工艺条件,再按上述操作步骤,进行另一轮实验。数据记录如表 2-3 所示。

表 2-3　试验数据记录

编号	模具温度/℃		表压 /MPa	固化时间 /min	模压压力 /MPa	加料量 /g	放气次数	观察现象
	上	下						
1								
2								
3								

4.制品性能测试:长条形试样测试制品的冲击强度、弯曲强度和维卡耐热性,圆片试样检测其电性能。

五、注意事项

1.进行模压操作时,实验者必须带好手套以免烫伤。

2.脱模、装模必须细心,注意对准模具方向,不要碰伤模具。同时注意动作要迅速,以免模具热量散失而影响模压效果。

3.压制时温度、压力必须严格控制,上下模温度应尽量保持一致,不得造成温度强烈波动,否则得不到正确的实验结果。

六、问题讨论

1. 模压温度、压力和时间对制品质量有何影响？你在实验中是如何处理它们之间的关系的？

2. 酚醛模塑粉中各组分的作用各是什么？

实验四十三　ABS 树脂制备综合实验

一、实验目的

1. 掌握乳液悬浮法制备 ABS 树脂的原理和方法。

2. 学习使用相衬显微镜观察共混物两相的结构形态。

3. 了解橡胶微粒的形态、尺寸、分布及两相界面的黏结能力对共混物抗冲性能的影响。

二、实验原理

ABS 树脂系由丙烯腈（Acrylonitrile）、丁二烯（Butadiene）和苯乙烯（Styrene）聚合制得。它是一个两相体系，连续相为丙烯腈和苯乙烯的共聚物 AS 树脂，分散相为接枝橡胶和少量未接枝的橡胶。由于 ABS 具有多元组成，因而它综合了多方面的特点，既保持橡胶增韧塑料的高冲击性能、优良的机械性能及聚苯乙烯的良好加工流动性，同时由于丙烯腈的引进，使 ABS 树脂具有较大的刚性、优异的耐药品性以及易于着色的好品质。它是一个新型的热塑性工程塑料，它的用途极为广泛。如可用于航空、汽车、机械制造、电气、仪表以及作输油管等。调节不同组成，可以制得不同性能的 ABS。

ABS 树脂有两种类型：共混型和接枝型。接枝型又可由本体法和乳液法制备。乳液悬浮法属于乳液法一类，但它克服了乳液法后处理困难的缺点，容易处理，容易干燥；与本体法相比，它反应条件稳定，散热容易，且橡胶含量可以任意控制。它是近年来发展起来的新的聚合方法。

乳液悬浮法制备 ABS 树脂分为两个阶段进行：第一阶段是乳液聚合，它主要是解决橡胶的接枝和橡胶粒径的增大。ABS 树脂中分散相橡胶粒径的大小必须在一定范围内（一般认为 $0.2 \sim 0.3\ \mu m$）才有良好的增韧效果。以乳液法制备的乳胶（在此为丁苯乳胶）其粒径通常只有 $0.04\ \mu m$ 左右，在 ABS 树脂中不能满足增韧的要求，故必须进行粒径扩大。粒径扩大的方法很多，在此采用最简单的溶剂扩大法，即靠反应单体本身作溶剂使其渗透到橡胶粒子中去。此法亦有利于提高橡胶的接枝率。橡胶接枝的作用有两点：一是增加连续相与分散相的亲和力，二是给橡胶粒子接上一个保护层，以避免橡胶粒子间的并合。接枝橡胶

制备的成功与否,是决定 ABS 树脂性能好坏的关键。此阶段的反应如下:

$$-CH_2-CH=CH-CH_2-CH_2-CH- \quad \cdots$$

苯乙烯（St）　丙烯腈（AN）

$$\xrightarrow[\text{接枝共聚}]{\text{丁苯乳胶}} \cdots -CH-CH_2-CH_2-C-C-C- \cdots$$

此外还有游离的 St-AN 共聚物和少量未接枝的游离橡胶。

第二阶段是悬浮聚合,它的作用有两点:一是进一步完成连续相 St-AN 树脂的制备,二是在体系中加盐破乳并在分散剂的存在下使其转化为悬浮聚合。

相衬显微镜由成像系统和照明系统两大部分组成。相衬显微镜是在普通显微镜的基础上增设了两个部件,在光源和聚光镜间,即聚光镜平面上插入光栏,物镜后焦平面处插入相板。相板是由光学玻璃制成的具有一定厚度和折射率的薄片,它由两部分组成,一是通过直射光部分,叫共轭面;另一个是绕过衍射光部分,叫做补偿面。利用相板可以改变直射光和衍射光的相位,同时吸收一定的直射光。光栏即环状光栏,是由金属作成大小不同的环状孔形成的。

对于无色透明物体,宽度上的反射率差异和表面凹凸引起的折射率差异,用普通透射式显微镜是观察不到的,相差显微镜利用了光的波动性,将位相差转变成强度差即明暗之差,从而使相位差可直接观察。

三、试剂与仪器

试剂:丁苯乳胶;苯乙烯;丙烯腈等。

仪器:搅拌器;回流冷凝管;温度计;通氮装置;三口烧瓶;滤网;普通切片机;相衬显微镜;吸耳球;载玻片;滴瓶;不锈钢镊子。

四、实验步骤

（一）乳液接枝聚合

配方:丁苯-50 乳胶　45 g（含干胶 16 g）

苯乙烯和丙烯腈（30:70）混合单体　16 g

叔十二硫醇　0.08 g

蒸馏水　39＋44 g

过硫酸钾（KPS）　0.1 g

十二烷基硫酸钠　0.32 g

在装有搅拌器、回流冷凝管及温度计、通氮管的 250 mL 三颈瓶里，加入丁苯乳胶 45 g，苯乙烯和丙烯腈混合单体 16 g，蒸馏水 39 g。通入氮气，开动搅拌器，升温至 60℃，让其渗透 2 h，然后降温至 40℃，向体系内加入十二烷基硫酸钠 0.32 g，过硫酸钾 0.1 g 和蒸馏水 44 g，升温至 60℃，保持 2 h，65℃ 保持 2 h，70℃保持 1 h，降温至 40℃以下出料。用滤网过滤除去析出的橡胶，得接枝液。

（二）悬浮聚合

配方：接枝液   50 g

苯乙烯和丙烯腈（30∶70）混合单体①   14 g

叔十二硫醇   0.056 g

偶氮二异丁腈（AIBN）   0.056 g

液体石蜡   0.15 g

4.5％MgCO₃②   38 g

MgSO₄   4.5 g

水   26 g

在装有搅拌器、回流冷凝管、温度计及通氮管的 250 mL 三颈瓶中，加入 4.5％MgCO₃溶液 38 g，水 26 g，开动搅拌器在快速搅拌下慢慢地滴加接枝液。通氮升温至 50℃时，加入溶有 0.056 g 偶氮二异丁腈的苯乙烯和丙烯腈（30∶70）混合单体 14 g，投料完毕，升温至 80℃反应。粒子下沉变硬后，升温至 90℃熟化 1 h，100℃熟化 1 h，降温至 50℃以下出料。

倾泻去上层液体，加入蒸馏水，用浓硫酸酸化到 pH 值为 2～3，然后用水洗至中性，将聚合物抽干，在 60℃～70℃烘箱烘干，即得 ABS 树脂。

质量要求：粒子要细腻，沉降要慢，在 500 mL 的量筒中，一夜沉降在 50 mL 以内。MgCO₃的质量与用量是悬浮聚合是否成功的关键。

（三）相衬显微镜观察共混物结构形态

（1）试样制备：将共混物制备成 10 mm×6 mm×5 mm 长方形试块，然后用万能制样机将试块切成薄片，合适的厚度在 1～5 μm 之间，因为试样越薄透明

---

① 丙烯腈有毒，不要接触皮肤，更不能误入口中。

② MgCO₃的制备：在装有搅拌器、回流冷凝管的 5 000 mL 三颈瓶中，加入 212 g Na₂CO₃，2 140 mLH₂O，升温至 60℃，恒温，在搅拌下使 Na₂CO₃溶解。将 492 g MgSO₄·7H₂O，1 350 mL H₂O，放入 2 000 mL 的烧杯中，升温至 60℃，通过搅拌使之溶解。用虹吸管将 MgSO₄水溶液吸入 Na₂CO₃溶液中，滴加速度要快，温度一定要保持在 58℃～60℃。升温至 90℃～100℃，恒温 2 h（升温至 90℃时，30 min 后体系内可能黏稠，搅拌不动，应加快搅拌速度）。

度越好,只有透明的试样才能用透射相衬显微镜来观察。如果试样是半透明的,观察就很困难。在室温下切片上,通常薄片总是卷曲的,这是在切片过程中引入的扭变所致,可将卷曲的薄片放在载玻片上,滴数滴苯或二氯乙烷使其松弛,等二氯乙烷蒸发后标样即制成。如试样中含有 HIPS,可将它漂浮在热甘油浴中使之松弛,然后把薄片置于溶有 K_2I_gI 的甘油中以提高其折光指数。

(2)调节相衬显微镜:①用 10× 物镜,其相衬光栏板转至"1"位,用 40× 物镜时,相衬光栏板转至"2"位,用 100× 物镜相衬光栏板转至"3"位。②打开电源,并将亮度调节钮移至适当位置,调节相衬光栏板与物镜相衬环重合,此时可调节微调混花钮及小旋钮,使相衬光栏做平面移动,注意这时在双目镜筒内装入相衬辅助目镜,首先通过调节相衬辅助目镜中的相对位置,使相板成清晰影像,然后再看相板与相衬光栏的重合情况,调好后在另一个目镜中即可观察相衬效果。③将制备好标样的载玻片置于工作台的中央,用活动夹夹住。调节横向和纵向手轮,将需要观察的标本移至物镜下,转动粗动手轮将活动载物台移动至见到需要观察的标本影像。再调节微动手轮便可获得清晰的物像。④光亮度的选择,调节相衬升降手轮,将相衬装置调至适当的位置,调节可变光栏改变其孔径,以便获得最好的光亮照明下观察清晰的物像(根据光源情况和观察的需要备有:淡黄、淡绿、淡蓝滤色片和毛玻片),应根据光源的光亮度和观察的效果,可以选择不同亮泽的滤色片,如用低倍物镜观察液体及用高倍物镜观察标本时,当感到光源太强时,可将毛玻片装上使用,可获得暗淡的光线。调节横向和纵向手轮使活动载物台同试样做前后,左右移动,将所需观察之标本移至衬场中心观察,然后拨动物镜转换器,转换高倍物镜或油浸物镜进行观察,被观察之物体仍看到物的影像,调节微动手轮,即可见到清晰的物像。⑤测试完毕,可调粗动手轮将活动载物台下降到底,将亮度调节平推钮向后推,移到最小亮度处,再关上电源开关。切断电源,取下载玻片,罩好仪器。

五、实验结果与讨论

1. ABS 树脂的制备分为哪几个阶段?
2. 橡胶接枝的作用是什么?
3. 简述相衬显微镜的工作原理。

第三章　设计实验

实验四十四　丙烯酸酯类乳胶漆的制备

一、实验目的

1. 掌握自由基乳液聚合反应机理，达到理论与实际应用相结合。

2. 掌握聚合配方和聚合反应条件，在确定体系组成原理、作用、配方设计及用量等方面得到初步锻炼。

3. 对聚合工艺条件的设置有所了解，进一步掌握聚合单体配比、聚合温度和反应时间等因素的确定方法。

二、实验原理

随着建筑业的发展和住宅业的兴起，乳胶漆广泛地用于室内装修和高楼外墙的装饰。乳胶漆是一种水性涂料，以水作为分散介质，高聚物分子均匀地分散在水中形成稳定的乳液作为成膜物质，加入颜填料和各种功能性助剂，经分散研磨形成一种混合分散体系。其组成中有机溶剂含量低，只有 $2\%\sim8\%$。是一种绿色环保型涂料。目前，乳胶漆的品种主要有聚醋酸乙烯乳胶漆、乙苯乳胶漆、苯丙乳胶漆、纯丙烯酸酯乳胶漆、叔碳酸酯乳胶漆等。近年来还出现高弹性和高耐候性的有机硅单体、有机氟单体改性丙烯酸乳胶漆。乳胶漆由乳液、颜填料、助剂和水四个部分组成。

（一）乳液

乳胶漆的乳液决定了乳胶漆的附着力、耐水性、耐玷污性、耐老化性、成膜温度、储存稳定性等基本性能。随着涂料技术的发展进步，现在已经有多种性能不同、用途相异的乳液可供选择，如苯丙、酯丙、叔醋、纯丙、硅丙、弹性乳液等。乳液可以自行合成，也可以向有关厂家购买。选择合适的乳液生产乳胶漆是至关重要的。

制造乳胶漆的乳液是由多种单体经乳液聚合合成的，共聚单体的选择将直接决定乳液乃至乳胶漆的性能。合成纯丙乳液时选择甲基丙烯酸甲酯、甲基丙烯酸丁酯、丙烯酸甲酯、丙烯酸丁酯、丙烯酸等单体做原料。在这些单体中，甲基丙烯酸甲酯主要为乳液提供必要的硬度、耐大气性和耐洗刷性,甲基丙烯酸丁酯和丙烯酸丁酯,提供树脂的弹性、柔韧性、耐冲击性和涂膜的附着力。丙烯酸为分子结构提高亲水基团可增加涂膜与基材的附着力。

(二)颜填料

生产乳胶漆的颜填料有钛白粉(金红石型和锐钛型)、立德粉、重质碳酸钙、轻质碳酸钙、滑石粉、瓷土、云母粉、白炭黑、重晶石粉、沉淀硫酸钡、硅酸铝粉等。用于外墙乳胶漆的颜填料有金红石型钛白粉、重质碳酸钙、滑石粉、云母粉等。适用于内墙乳胶漆的颜填料有锐钛型钛白粉、立德粉、重质碳酸钙、轻质碳酸钙、滑石粉、瓷土、硅酸铝粉等。各种颜填料的密度是不同的,其性能差别也很大。

颜填料名称	密度
金红石型钛白粉	4.2
锐钛型钛白粉	3.9
轻重钙	2.7
滑石粉	2.8
瓷土	2.6

颜填料的吸油量是乳胶漆的一个重要指标,在同样的稠度下,吸油量大的颜填料比吸油量小的颜填料要耗费较多的漆料,不同颜填料的颜色、遮盖力、着色力、粒度、晶型结构、表面电荷、极性等物理性能均不相同,也决定了其化学性能(耐化学品性、耐候性、耐光性、耐热性)的不同,因此合理选择颜填料的数量品种在乳胶漆的生产中也很重要,它决定了乳胶漆分散性能的好坏、遮盖能力、耐老化性、外观状态、储存稳定性等各种性能。

(三)助剂

乳胶漆中使用的助剂有润湿剂、分散剂、增稠剂、消泡剂、成膜助剂、pH 调节剂、防腐剂、防霉剂等。其中分散剂和增稠剂的使用尤为重要。早期的乳胶漆或者低成本涂料中用的分散剂多采用多聚磷酸盐类,如六偏磷酸钠、三聚磷酸钠,在高 PVC 低成本的乳胶漆中,选用聚丙烯酸盐和阴离子,非离子多官能团嵌段共聚物为分散剂。

增稠剂主要品种为纤维素衍生物类(HEC)、聚丙烯酸酪乳液增稠剂(碱膨胀增稠剂)和缔合型增稠剂三大类,可分别使用,也可以相互合理搭配使用。颜填料体积浓度高时乳胶漆使用 HEC 和聚丙烯酸盐类为主,中低颜填料体积浓度的外墙乳胶漆中使用缔合型增稠剂为主。

乳胶漆的触变指数 TI 是所用增稠剂效果的最可靠检测参数。流平性好的乳胶漆,其 TI<4,流平性要求不高的乳胶漆,其 TI 可略高。实践证明,HEC 增稠的乳胶漆增稠效率高,用量少,但流平性差,刷痕不容易除去。聚丙烯酸酯乳液使用便利,但是容易受到 pH 值的影响。缔合型增稠剂性能优良,但价格比较贵。

特殊品种助剂具有显著作用:硅助剂可以明显改变乳胶漆的附着力,蜡助剂可以使乳胶漆呈现荷叶效果,氟碳助剂则极大地改变了乳胶漆的附着力、防水性能和耐玷污性。

(四)水

乳胶漆所用水为去离子水,可由专用的脱离子水器生产,乳胶漆用水标准可以参照蒸汽锅炉用软水指标:总硬度<0.3 毫克当量·升$^{-1}$;而将自来水用于乳胶漆生产是不合适的,短时期内尚无明显变化,长期储存则极容易沉淀,并容易造成破乳。

三、药品

甲基丙烯酸甲酯,甲基丙烯酸丁酯,丙烯酸丁酯,丙烯酸甲酯,丙烯酸,去离子水,过硫酸铵,十二烷基磺酸钠,吐温-60,消泡剂。

四、实验设计

(一)纯丙乳液的合成

目标产物:乳白色的纯丙乳液。

1. 提示:

(1)聚合机理及聚合方法:自由基聚合,乳液聚合。

(2)反应装置:常规乳液聚合装置。

2. 要求:

(1)根据所需的目标产物,确定聚合配方、聚合机理及具体聚合方法。

(2)确定聚合装置及主要仪器,画出聚合装置简图。

(3)研究乳液聚合的动力学过程,确定影响乳液性能的因素,如:软、硬单体用量比例,乳化剂选择,引发剂用量等。

(二)纯丙乳胶漆的制备

目标产物:乳白色的纯丙乳胶漆。

1. 提示:

(1)制备方法:高速分散,砂磨混合。

(2)反应装置:高速分散机,砂磨机。

2. 要求:

(1)根据所需的目标产物,确定具体操作工艺。

（2）确定制备装置及主要仪器。

（3）制定工艺流程，画出工艺流程框图。

（4）确定制备工艺条件，给出简要解释。

（5）研究影响乳胶漆性能的因素，如：乳液稳定性，成膜助剂和其他助剂的影响。

实验四十五　聚丙烯改性实验设计

一、实验目的

1. 了解和掌握聚丙烯改性机理以及阻燃和增韧配方设计的基本原则。

2. 认识配方中各组分的相互作用。

3. 学会使用混合、塑化造粒、注射等设备以及高分子材料测试仪器。

二、实验原理

经过短短几十年的发展，塑料已渗透到国民经济生活各个领域。随塑料应用范围的不断扩展和深化，给塑料提出了各种各样的要求，如耐老化、阻燃、抗静电、降低成本、增强、增韧，而要开发一种全新结构的高分子化合物以满足这些要求，耗资巨大，有时甚至是不可能的，而采用塑料改性则常常很容易实现。

塑料改性是一门新兴的科学技术，在塑料工业中占据着重要的地位。通常把塑料改性方法分为化学改性和物理改性两大类。所谓化学改性，原则上是指在高分子化合物主链或侧链上发生化学反应，从而使高分子化合物具有更好的性能或全新的功能。这种化学反应有的是在高分子化合物形成时进行的，有的则是在已形成的高分子化合物链上再进行。通常提到的化学改性方法是指嵌段共聚、接枝共聚、交联或降解等。而物理改性原则上应当是指在整个改性过程中不发生化学反应，仅仅依靠各组分本身的物理特性、力-形变特性、形态的变化等实现其性能的改善或获得新的功能。

物理改性的方法有填充改性、共混改性两大类。填充改性就是在塑料成型加工过程中加入无机填料或有机填料，使塑料制品的原料成本降低而达到增量的目的，或使塑料制品的性能有明显改变，即在牺牲某些性能的同时，使人们所希望的另一些性能得到明显的提高。共混改性是将性质不同的两种或两种以上的聚合物按适当比例在一定温度和剪切应力作用下进行掺混，形成具有新性能的材料。不同性质的高分子聚合物共混时会出现三种情况，即完全相容状态、部分相容状态和非相容分离状态。绝大多数高分子聚合物相互之间掺混时都是不相容的，呈现完全相分离状态。只有极少数的高分子聚合物在适当的温度下，通过混炼加工可以完全相容,但是完全相容并不能产生人们所预期的性能的改善。我们进行共混改性的目的是使不同性质的高聚物在一定温度、一定切应力和加入适当相溶剂的情况下形成部分相容,才能使共混物的性质达到预期的效果。

本实验是对聚丙烯进行改性,提高阻燃性和韧性。

聚丙烯是一种性能优良的塑料,它的耐腐蚀性、耐折叠性和电绝缘性好,耐热性和机械强度优于聚乙烯,而且价格低廉,容易加工,故应用比较广。但是聚丙烯的抗冲击强度不够高,低温下发脆。为了提高它的韧性,常常将聚丙烯和橡胶弹性体共混改善提高它的韧性。

同其他塑料一样,聚丙烯容易燃烧。对其进行阻燃改性目前最常用的方法是把无机阻燃剂填充到聚合物基体中赋予聚合物阻燃性。无机阻燃剂,例如氢氧化镁、氢氧化铝在高温下通过分解吸收大量的热量,生成的水蒸气可以稀释空气中氧气的浓度,从而延缓聚合物的热降解速度,减慢火抑制聚合物的燃烧,促进炭化、抑制烟雾的形成。所制备的阻燃材料除了要求有较好的阻燃性能外,还要有足够的力学性能、表面性能等,这就要求阻燃剂在聚合物基体中均匀分散,阻燃剂与聚合物基体之间形成一定强度的界面。要满足以上要求,塑料阻燃改性涉及以下三个方面的问题:

1. 阻燃填料的细化和微细化:从理论上讲人们早已认识到某种填料与基体高分子的质量比一定时,其填料的粒径越小,填充改性材料的力学性能越好,也就是说一方面对所预期的改性效果越有利,另一方面所用填料不可避免地使某些性能的下降幅度越小。

2. 复合材料界面工程和填料的表面处理:在填充改性过程中,为了使填充材料达到预期的性能目标,往往对填料先进行表面处理,增加填料与基体树脂的亲和性。填料与基体树脂之间的界面状态对填充塑料的力学性能影响巨大。随着人们经验的积累以及电子显微镜、高分辨核磁共振、X 射线、光电子能谱以及傅立叶变换、红外光谱等检测手段的运用,人们已从认识填料与聚合物之间的界面应当具有化学、物理、力等作用的过渡层发展到主动设计其界面结构状态,并运用加工工艺加以实现。

3. 混合与混炼设备及工艺:塑料填充改性的效果好坏在很大程度上取决于混合与混炼设备及工艺。填料的干燥、表面处理、填料与其他助剂和基体树脂的初步混合通常是在高速混合机中进行的。混炼过程通常是指不同组分在受到剪切力和挤压力情况下的混合过程。传统上使用的开炼机和密炼机从原理上讲也适合于填充改性。但这些设备体积庞大、能耗高,而且是间歇操作,质量不稳定,操作环境比较差。双螺杆挤出机操作灵活,混炼塑化效果好,产品性能均一,物料正向输送能力大,产量高,自动化程度高。其螺杆是由螺纹套和捏合盘元件,以搭积木的形式组合而成,根据混炼的目的和材料的种类可任意调整组合元件的排列和加工工艺参数来满足产品的性能要求。而且由于两根螺杆相互啮合,自洁效果好,避免了树脂对螺杆的黏附和停滞,减少了物料的分解碳化现象,因而得到了普遍的应用。

三、实验原料

聚丙烯、聚烯烃弹性体、聚乙烯、EVA、氢氧化镁、三氧化二锑、抗氧剂 1010、滑石粉、碳酸钙、偶联剂等。

四、实验设计

(一)聚丙烯改性实验

1. 提示:

(1)实验设备:高速混合机、同向双螺杆挤出机。

(2)配料总量 700 g 左右,有填料的混合物需要进行干燥和活化处理。

2. 要求:

(1)根据所需的目标产物,确定具体实验配方。

(2)制定工艺流程,画出工艺流程框图。

(3)确定制备工艺条件,给出简要解释。

(二)改性聚丙烯性能测试

1. 提示:

(1)实验设备:注射机、万能试验机、氧指数测定仪、悬简组合冲击试验机、塑料硬度计等。

(2)为了消除内应力试样要平整放置 24 h 以上。

2. 要求:

(1)确定样品的性能测试设备、测试方法和测试条件。

(2)按照相应性能测试标准的要求,利用测试仪器进行相应的力学性能、阻燃性能等的测试。

(3)比较改性前后性能变化,并从理论角度进行分析解释。

五、注意事项

1. 配料时称量必须准确。

2. 高速混合器必须在转动情况下调整。

3. 设备的温度必须控制严格,按操作规程进行。

4. 双螺杆挤出机和注射机升温均需要一定的时间,应注意穿插进行。

实验四十六　聚氯乙烯改性实验设计

抗冲击性能差是聚氯乙烯(PVC)的性能缺陷之一,这使其应用领域受到很大限制。为提高 PVC 的抗冲击性能,使用冲击改性剂,例如,本实验所采用的 MBS,以共混方式对其进行物理改性。

一、实验目的

研究 MBS 用量对硬 PVC 抗冲击性能的影响,确定 MBS 的最佳用量。

二、实验原理

MBS 树脂由甲基丙烯酸甲酯(M)、丁二烯(B)和苯乙烯(S)的三元接枝共聚而成,为白色粉末或颗粒。它的溶度参数为 $19.2\sim19.4(J\cdot m^{-3})^{\frac{1}{2}}$ 与 PVC $\lfloor 19.4\sim19.8(J\cdot m^{-3})^{\frac{1}{2}}\rfloor$ 相近,故两者的热力学相容性较好。

MBS 是通过在有一定交联度的弹性胶乳微粒 SBR 表面接枝甲基丙烯酸甲酯(M)合成的。在 MBS 中 M 与 PVC 极性相近,使 MBS 分子与 PVC 分子有亲和性。但由于丁二烯(B)和苯乙烯(S)的存在,使 MBS 与 PVC 之间不能完全相容,这样 MBS 的分子可以在 PVC 基体中均匀分散成微胶区。当整个材料受到外力时由于 MBS 的弹性模量远小于 PVC,易于形变的胶球承担的载荷很小,塑料区进行同样的形变则要承受大得多的载荷。所以,在胶区与塑料相接的界面上产生应力集中。当应力强度达到产生银纹或剪切带需要的屈服应力时,在胶区外的塑料基体中产生分子链段的取向运动。胶区外的应力强度随胶区体积增大而增大,较大的胶区引发的局部屈服区也较大。当几个小胶区之间距离较近时,各自导致的塑料相中的应力强度也会相叠加,从而起到同较大胶区相似的结果。塑料的局部屈服过程需要外力做功,所以局部屈服的位置越多,每个屈服区的范围越大,消耗的冲击能就越高,材料的韧性就越好。另外,由于 MBS 与 PVC 的界面结合力较大,材料受到外力时,胶球受三轴引力,胶区内会产生蠕变,胶区内会产生小的孔洞。孔洞形成后,会使其周围的应力强度变大。裂缝或银纹在塑料相扩展的路径上遇到较大的胶区时,会使胶区内发生形变,从而,既降低了扩展速度,又使裂缝的尖端被钝化。在材料中,既产生银纹又产生剪切带时,两种不同的屈服形成会互相干扰,阻碍或终止。

综上所述,由于橡胶区的弹性模量较低,易于形变和蠕变,并且会在胶区内出现孔洞,致使胶区邻近的塑料相中局部屈服形变时受到的束缚较小,塑料的屈服应力较低,局部屈服容易形成,材料的韧性因而提高,冲击性能得到增强。

三、实验原料

PVC 树脂(SW-1000),三盐基硫酸铅,二盐基硫酸铅,轻质碳酸钙,MBS。

四、实验设计

（一）PVC 改性实验

1. 目标产物:不同 MBS 含量的 PVC 合金。

2. 提示:

(1)制备方法:高分子加工,高分子共混。

(2)共混设备:开放式炼塑机,电热平板机。

3. 要求:

(1)根据目标产物,确定制备不同质量分数的 MBS 用量(5%,10%,20%, 30%,40%)及不同助剂用量的 PVC 合金样品配比。

(2)确定不同设备的使用方法和实验条件。

(3)确定工艺流程,画出工艺流程框图。

(4)确定不同样品的制样设备和制样方法。

（二）改性 PVC 性能测试

1. 提示:

(1)实验设备:万能制样机、悬筒组合冲击试验机。

(2)为了消除内应力,试样要平整放置 24 h 以上。

2. 要求:

(1)确定样品的性能测试设备、测试方法和测试条件。

(2)比较改性前后性能变化,并从理论角度进行分析解释。

实验四十七　聚氯乙烯配方实验设计

聚氯乙烯(PVC)本身是一种质地很硬的塑料,但是通过加入不同量的增塑剂,使它能够变成比 PE 还柔软的塑料,用于制备各种不同的用品,因此它是一种全能的塑料。

但是单纯的 PVC 树脂熔体黏度大、流动性差,虽具有一般非晶态线型高聚物的热力学状态,但熔融范围窄,对热不稳定,在成型温度下会发生严重的降解,放出氯化氢气体,变色和黏附设备。因此,在成型过程中加入适当的助剂,配制成不同组分的均匀复合物,改善其成型工艺性能,达到符合使用性能和降低成本的要求。因此 PVC 的配方设计尤为重要。

一、实验目的

1. 掌握软质聚氯乙烯、硬质聚氯乙烯的配方设计、混合、塑炼和物料的压制方法。

2. 认识配方中各组分的作用。

3. 学会使用混合、塑炼、压制、制标准样条等设备，以及高分子材料测试仪器。

二、实验原理

PVC是一种多组分塑料，通常不能单独使用，根据不同使用和加工的要求可以加入不同的助剂。因此随着组成的不同，聚氯乙烯制品可呈现不同的物理机械性能，比如加不加增塑剂，或者加多少就使它有软硬之分。

（一）聚氯乙烯硬板

利用压制法生产聚氯乙烯（HPVC）硬板，是将聚氯乙烯树脂与各种助剂经过混合、塑化，在压机中经加热、加压，并在压力下冷却成型而制得的，用压制生产的硬板光洁度较好，表面平整，厚度和规格可以根据需要选择和制备，是生产大型聚氯乙烯板材的一种常用方法。

配方的设计是树脂成型过程的重要步骤，对于聚氯乙烯树脂尤其重要。为了提高聚氯乙烯的成型性能、材料的稳定性和获得良好的制品性能并降低成本，必须在聚氯乙烯树脂中配以各种助剂。

硬聚氯乙烯塑料配方通常包含以下组分：

1. 树脂：树脂的性能应能满足各种加工成型和最终制品的性能要求，用于硬质聚氯乙烯塑料的树脂通常为绝对黏度 $1.5\sim1.8$ mPa·s 的悬浮疏松型树脂。

2. 稳定剂：稳定剂的加入可防止聚氯乙烯树脂在高温加工过程中发生降解而使性能变坏，聚氯乙烯配方中所用稳定剂通常按化学组分分成四类：铅盐类、金属皂类、有机锡类和环氧脂类。

3. 润滑剂：润滑剂的主要作用是防止黏附金属，延迟聚氯乙烯的凝胶作用和降低熔体黏度。润滑剂可按其作用分为外润滑剂和内润滑剂两大类。

4. 填充剂：在聚氯乙烯塑料中添加填充剂，可大大降低产品成本和改进制品某些性能的目的，常用的填充剂有碳酸钙等。

5. 改性剂：为改善聚氯乙烯树脂作为硬质塑料应用所存在加工性、热稳定性、耐热性和冲击性差的缺点，常常按要求加入各种改性剂。改性剂主要有以下几类。

冲击性能改性剂：用以改进聚氯乙烯的抗冲击性及低温脆性等，常用的有氯化聚乙烯（CPE）、乙烯-醋酸乙烯共聚物（EVA）、丙烯酸酯类共聚物（ACR）、丙烯腈-丁二烯-苯乙烯接枝共聚物(ABS)及甲基丙烯酸甲酯-丁二烯-苯乙烯接枝共聚物等。

加工改性剂:其作用只改进材料的加工性能而不会明显降低或损害其他物理性能的物质,常用的加工改性剂如丙烯酸酯类、α-甲基苯乙烯低聚物及丙烯酸酯和苯乙烯共聚物等。

热变形性能改性剂:用以改进制品的负荷热变形温度,常用丙烯酸酯和苯乙烯类聚合物。

6. 增塑剂:可增加树脂的可塑性、流动性,使制品具有柔软性,对于硬质聚氯乙烯制品,一般不加或少加(5%以下)增塑剂,以避免其对某些性能(如耐热性和耐腐蚀性)的影响。

此外,还可根据制品需要加入颜料、阻燃剂及发泡剂等。

聚氯乙烯配方中各组分的作用是互相关联的,不能孤立地选配。在选择组分时,应全面考虑各方面的因素,按照不同制品的性能要求、原材料来源、价格以及成型工艺进行设计。

(二)软质聚氯乙烯

软质聚氯乙烯(SPVC)是将PVC树脂与增塑剂以及根据产品性能要求选择的助剂,经过混合塑化,得到具有一定柔韧性的产品。

SPVC和HPVC的配方有下列差别:

(1)树脂的型号:HPVC制品所用树脂通常为绝对黏度为 1.5~1.8 mPa·s 的悬浮法疏松型树脂,而SPVC制品常用绝对黏度 1.8~2.0 mPa·s 的悬浮法疏松型树脂。

(2)增塑剂的用量和种类:HPVC制品中的增塑剂含量5%以下,而SPVC制品中的增塑剂加入 40~70 份(PVC为100份)。

用于PVC的增塑剂种类很多,应根据产品性能、原料性能、来源及价格等综合考虑,常用的有邻苯二甲酸酯类、己二酸和癸酸脂类及磷酸酯类等。

三、实验原料

PVC树脂;三盐基硫酸铅、二盐基亚磷酸铅、硬脂酸铅、硬脂酸钡、硬脂酸钙;石蜡、硬脂酸;碳酸钙、滑石粉;邻苯二甲酸二辛酯(DOP)以及邻苯二甲酸二丁酯(DBP)等。

四、实验步骤

(一)PVC成品制备与成型加工

1. 提示:

(1)制备方法:高分子加工,高分子共混。

（2）实验设备：双辊开炼机、高速混合机、平板硫化机。

（3）配料总量 250 g 左右。

2. 要求：

（1）根据所需的目标产物，确定具体实验配方。

（2）制定工艺流程，画出工艺流程框图。

（3）确定制备工艺条件，给出简要解释。

（二）PVC 性能测试

1. 提示：

（1）实验设备：万能制样机、万能试验机、氧指数测定仪、悬简组合冲击试验机、热变形、维卡软化点温度测定仪、塑料硬度计等。

（2）为了消除内应力试样要平整放置 24 h 以上。

2. 要求：

（1）确定样品的性能测试设备、测试方法和测试条件。

（2）按照相应性能测试标准的要求，利用测试仪器进行相应的力学性能、阻燃性能等的测试。

（3）比较改性前后性能变化，并从理论角度进行分析解释。

五、注意事项

1. 配料时称量必须准确。

2. 高速混合器必须在转动情况下调整。

3. 双辊开炼机及平板硫化机的机温度必须控制严格。

4. 双辊开炼机操作时必须严格按操作规程进行，防止将硬物落入辊间。

5. 双辊开炼机及平板硫化机升温均需要一定的时间，应注意穿插进行。

6. 注意 PVC 树脂与增塑剂的相互作用，混合时注意加料顺序。

实验四十八　模压法制备聚乙烯泡沫塑料实验设计

泡沫塑料是以树脂为基体，内部具有无数微孔的塑料制品。使塑料产生微孔结构的过程称为发泡，发泡前原材料密度与发泡后泡沫塑料密度的比值叫做发泡倍率。泡沫塑料具有质轻、绝热、隔音、缓冲等特性。树脂结构、发泡体的发泡倍数、气泡结构（气泡的连续性、直径、形状、泡壁厚度、泡内气体成分）等是影响泡沫塑料特性的因素。泡沫塑料的这类特性在土木建筑、绝热工程、车辆材料、包装防护、体育及生产器材方面有着良好的应用前景。

一、实验目的

1. 掌握生产聚乙烯泡沫塑料的基本原理，了解聚乙烯泡沫塑料的主要生产方法。

2.掌握生产聚乙烯泡沫塑料的基本配方,了解配方中各种组分的作用。

3.掌握实验室制备聚乙烯泡沫塑料的操作过程,熟悉工厂中聚乙烯泡沫塑料的生产工艺条件。

二、实验原理

本实验为低密聚乙烯(LDPE),利用化学交联和化学发泡,采用一步模压方法制备泡沫材料。LDPE 是带有支链结构的乙烯聚合物,聚集态结构由结晶区和非结晶区组成,多数的 LDPE 树脂熔点在 $105℃\sim125℃$。发泡过程中,在物料温度未达到晶体结构熔融前,材料较黏、流动性差,发泡气体不能膨胀;物料温度使晶体结构熔融时,熔体黏度急剧下降(结晶度高的树脂尤为剧烈),随着温度的升高,熔体黏弹性将进一步降低。熔体的这种性质使发泡过程中的气体容易逃逸,发泡条件只能限制在狭隘的温度范围内。其次,LDPE 从熔融态转变成结晶态时,要放出结晶热。而熔融的 LDPE 的比热又较大,因此从熔融状态到固化状态经历的冷却时间较长,不利于保持气泡稳定。再有 LDPE 的气体透过率高,发泡剂分解放出的气体易于渗透外逸使泡沫崩塌。上述的性能使聚乙烯发泡工艺控制十分困难,为了改善 LDPE 发泡工艺性能的这些缺点,除控制树脂的熔体流动速率,往往采用分子链间进行交联的方法。研究工作表明,随着 LDPE 交联度(以不溶于热的苯类溶剂的凝胶百分率表示)的增加,熔融时熔体黏度、弹性比没有交联 LDPE 有所增加,从而可以在比较宽广的温度范围内获得适宜于发泡的条件,提高了泡沫的稳定性,制得均匀、微细、高发泡倍率的泡沫制品,见图 3-1。

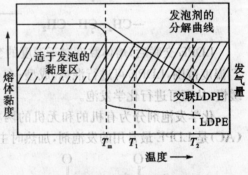

图 3-1 交联熔体黏度与温度的关系

LDPE 交联有化学交联及辐射交联两类技术。化学交联通常用有机过氧化物作交联剂。以过氧化二异丙苯(DCP)作交联剂为例,其在不同温度下的半衰期列于表 3-1 中,表中所列温度和半衰期的时间可以作为拟定发泡工艺条件的参考数值。

表 3-1 DCP 在不同温度下的半衰期

温度/℃	101	115	130	145	171	175
半衰期/min	6 000	744	108	18	1	0.75

LDPE 的交联过程是：

(1)加热条件下,DCP 分解为游离基或游离基再分解为新游离基。

$$\text{(结构式，过氧化二异丙苯分解)} \xrightarrow{\Delta} \text{(苯基异丙基氧自由基)} \cdot O \cdot + \cdot CH_3 + \text{(苯乙酮)} C=O$$

(2)游离基夺取 LDPE 大分链(多数是支链位置叔碳原子)的氢,生成大分子游离基。

$$\begin{array}{c} -CH_2-CH_2-CH_2- \\ -CH_2-CH_2-CH_2- \end{array} + \text{(自由基)} \cdot O \cdot + \cdot CH_3 \longrightarrow$$

$$\begin{array}{c} -CH_2-\overset{\cdot}{CH}-CH_2- \\ -CH_2-CH_2-CH_2- \end{array} + \text{(醇)} C-OH + CH_4$$

(3)大分子游离基互相结合成共价键桥,得到交联聚乙烯。

$$\begin{array}{c} -CH_2-\overset{\cdot}{CH}-CH_2- \\ -CH_2-\overset{\cdot}{CH}-CH_2- \end{array} \longrightarrow \begin{array}{c} -CH_2-CH-CH_2- \\ -CH_2-CH-CH_2- \end{array}$$

LDPE 交联后,熔体黏度对于温度的变化如图 3-1。从图 3-1 可见,在 $T_m \sim T_1$ 温度范围,LDPE 可进行混炼、成型;在 $T_1 \sim T_2$ 温度范围内,其熔融黏度变化缓慢,从而可进行化学发泡。

化学发泡剂分为有机的和无机的两类,属于有机发泡剂的偶氮二甲酰胺(AC)是 LDPE 最常用的发泡剂,加热时主要分解反应为：

$$H_2N-\overset{\overset{O}{\|}}{C}-N=N-\overset{\overset{O}{\|}}{C}-NH_2 \longrightarrow N_2+CO+H_2NCONH_2$$

AC 分解是一个复杂的反应过程,主要放出的是 N_2(占 65%)、CO(占 32%),此外,尚有少量的 CO_2(约占 2%)、NH_3 等。AC 分解的发气量 200 mL·g^{-1}(标准状态),分解放热 168 kJ·mol^{-1},在塑料中的分解温度为 165℃ ~ 200℃。若在分解温度下,交联的 LDPE 熔体黏度会明显降低,黏弹性变差,给发泡工艺过程造成新的困难。因此要在发泡的原料配方中加入某些助剂降低发泡剂分解温度,加快发泡剂分解速度,这类助剂称为发泡促进剂。AC 的发泡促进剂有铅、锌、镉、钙的化合物,有机酸盐以及脲等。

化学发泡时把发泡剂均匀混入 LDPE 中,加热使发泡剂分解释放大量气体和热能,气体与熔融的 LDPE 混合,在成型设备的工作压力下溶解于熔体内,热能在发泡剂粒子的位置形成局部热点。这些局部的定点热点温度较周围 LDPE 熔体温度更高,致使黏度较周围熔体的低,表面张力适量减小,成为溶解的气体可以膨胀、发泡的位置,即泡核。而周围熔体内的气体,不断地向泡核渗透、扩散,直至气体的压力与泡核壁面的应力处于平衡状态时为止。当发泡剂分解完后,成型设备解除工作压力的瞬间,熔体温度、气体的压力、体积变化与泡核壁面取得新的应力平衡,发泡材料急剧胀大,成为细密、均匀、稳定泡孔结构的发泡制品。

三、实验原料

低密度聚乙烯(LDPE);乙烯-醋酸乙烯共聚物(EVA);过氧化二异丙苯(DCP);偶氮甲酰胺(AC);氧化锌(ZnO);硬脂酸锌(ZnSt);轻质碳酸钙($CaCO_3$)等。

四、实验步骤

(一)LDPE 的交联

1. 提示:

(1)实验设备:双辊炼塑机。

(2)称 LDPE100 g 为基准配料总量 700 g 左右,有填料的混合物需要进行干燥和活化处理。

2. 要求:

(1)根据所需的目标产物,确定具体实验配方。

(2)制定工艺流程,画出工艺流程框图。

(3)确定制备工艺条件,给出简要解释。

(二)LDPE 的模压发泡

1. 提示:

(1)实验设备:平板硫化机。

(2)合模加压至压力成型机液压表压强为 9~32 MPa。

2. 要求:

(1)制定工艺流程,画出工艺流程框图。

(2)确定制备工艺条件,给出简要解释。

(三)聚乙烯泡沫塑料性能测试

1. 提示:

(1)实验设备:天平、游标卡尺、万能试验机等。

(2)在泡沫板材表面及切断面用肉眼或放大镜观察气泡结构及外观质量缺

陷(如熔接痕、翘曲、僵块、凹陷等)状况。

2.要求:

(1)确定样品的性能测试设备、测试方法和测试条件。

(2)按照相应性能测试标准的要求,利用测试仪器进行相应的力学性能的测试。

附录一　烯基的测定

一、原理

溴与碳碳双键能迅速发生加成反应。这一反应常用来测定碳碳双键的含量。

溴酸钾与溴化钾在酸性介质中能生成溴,所以溴酸钾与溴化钾溶液常用来做测量碳碳双键含量的试剂。

$$KBrO_3 + 5KBr + 6HCl \longrightarrow 3Br_2 + 6KCl + 3H_2O$$

$$\underset{|}{\overset{|}{C}} = \underset{|}{\overset{|}{C}} \; + Br_2 \longrightarrow \underset{Br}{\overset{|}{\underset{|}{C}}} - \underset{Br}{\overset{|}{\underset{|}{C}}}$$

测定的方法是在装有样品的反应瓶中加入过量的 $KBrO_3$-KBr 水溶液[①],反应完成后加入 KI,析出的碘用 $Na_2S_2O_3$ 标准溶液[②]回滴,反应如下:

$$Br_2 + 2KI \longrightarrow I_2 + 2KBr$$

[①]　准确称取 2.784 0 g $KBrO_3$ 和 17.500 0 g KBr。用蒸馏水溶解,稀释至 1 L 放于避开阳光直射的地方备用。

[②]　称取 30 g $Na_2S_2O_3$ 和 0.2 g Na_2CO_3 用新煮沸过且已冷至室温的蒸馏水溶解并稀释至 1 L,保存在干净的棕色瓶中,使其不受日光和空气的作用。放置 8～14 d 标定其浓度。加 Na_2CO_3 是为了防止 $Na_2S_2O_3$ 分解。Na_2CO_3 浓度不要超过 0.02%。如要长期保存还要放入微量的 HgI_2(10 mg · L^{-1}),用来防止微生物的作用。

$Na_2S_2O_3$ 溶液的标定:

将 $K_2Cr_2O_7$ 研细并在 130℃烘 2～3 h,称取两份烘干的 $K_2Cr_2O_7$,每份重 0.10～0.15 g。放于 250 mL 的锥形瓶中。用 30 mL 蒸馏水溶解后再加入 1.6 g KI 和 2 mol · L^{-1} 盐酸 15 mL。盖好塞子后放在暗处 5～10 min。然后用 50 mL 蒸馏水稀释。用 $Na_2S_2O_3$ 溶液滴定。到溶液呈浅黄绿色时加入 2 mL 1% 淀粉溶液。继续滴定到蓝色消失转为绿色为止。计算 $Na_2S_2O_3$ 的浓度:

$$M = \frac{1\,000 \times m}{49.030\,3 \times V} = 20.395\,6 \times \frac{m}{V} \tag{3-3}$$

式中,M 为 $Na_2S_2O_3$ 溶液的浓度,mol · L^{-1};m 为 $K_2Cr_2O_7$ 样品质量,g;V 为滴定时消耗的 $Na_2S_2O_3$ 溶液的体积,mL。

$$I_2 + 2Na_2S_2O_2 \longrightarrow 2NaI + Na_2S_4O_6$$

进行空白实验。由 $Na_2S_2O_3$ 溶液在空白和样品滴定中消耗的差可以求出双键的含量。分析结果可以用双键的百分含量和溴值表示。

双键百分含量:样品中双键碳原子所占的质量分数:

$$E = \frac{(V_1 - V_2)M \times 24.02}{2 \times m} \times 100\% \tag{1-1}$$

溴值:100 g 样品所消耗的溴的克数

$$B = \frac{(V_1 - V_2)M \times 79.916}{m} \times 100\% \tag{1-2}$$

式中,E 为双键百分含量,%;B 为溴值,g;V_1 为空白滴定消耗的 $Na_2S_2O_3$ 标准溶液的体积,mL;V_2 为样品滴定消耗的 $Na_2S_2O_3$ 标准溶液的体积,mL;M 为 $Na_2S_2O_3$ 标准溶液的浓度,mol·L^{-1};m 为样品质量,g。

如果被测样品是含双键的单体,根据实测的双键百分含量和溴值与理论量对比,即可算出其纯度。

二、操作步骤

在 250 mL 锥形瓶中加入 10 mL 溶剂混合物①,塞上磨口塞后,在天平上准确称量;用一事先准备好的干净滴管滴入几滴样品②,使其质量范围在 120~150 mg。迅速盖好瓶塞,在天平上准确称量。用移液管吸取 50 mL 0.1 mol·L^{-1} $KBrO_3$-KBr 溶液放入锥形瓶内③,再加入 2 mL 浓盐酸。盖上瓶塞摇匀后避光放置 20~30 min。加 1.5 g 固体 KI④。摇动使之溶解后在暗处放置 5 min。用 0.12 mol·L^{-1} $Na_2S_2O_3$ 标准溶液滴定。当滴定快结束时溶液呈浅黄色。加 1 mL 1%淀粉溶液,继续滴至蓝色消失为止。记下读数。同时做空白实验,样品和空白滴定都要做 2 次⑤。

---

① 溶剂混合物的配制:取 37 mL 冰醋酸、76 mL 四氯化碳、61 mL 甲醇、9 mL 稀硫酸 (1:5体积比)、7 mL 10%氯化汞-甲醇($HgCl_2$-CH_3OH)溶液,将以上各试剂混匀即为溶剂混合物,其中氯化汞为催化剂。

② 把样品准备好后再打开瓶塞。用滴管小心地滴入几滴样品,迅速把塞子盖好。

③ 在夏天室温较高的情况下,加入 $KBrO_3$-KBr 后,反应瓶最好放在冰水里以减少副反应。

④ KI 是过量的。过量的 I$^-$ 与 I_2 生成 I_3^- 络合物有助于 I_2 的溶解。但 KI 浓度不要超过 4%。

⑤ 该法不适合测定在双键碳原子上有吸电子基团的烯烃。

附录二　常用单体的精制及纯度分析

一、甲基丙烯酸甲酯的精制和纯度分析

(一)甲基丙烯酸甲酯的精制

甲基丙烯酸甲酯是无色透明的液体,其沸点为 $100.3℃\sim100.6℃$;密度为 $D_4^{20}=0.937$;

折光率为 $nD^{20}=1.4138$。甲基丙烯酸甲酯常含有稳定剂对苯二酚。首先在 1 000 mL 分液漏斗中加入 750 mL 甲基丙烯酸甲酯(MMA)单体,用 5%的 NaOH 水溶液反复洗至无色(每次用量 $120\sim150$ mL),再用蒸馏水洗至中性,以无水硫酸镁干燥后静置过夜,然后进行减压蒸馏,收集 46℃/13 332.2 Pa(100 mmHg)的馏分,测其折光率。

附表1　甲基丙烯酸甲酯的沸点与压力的关系

压力/Pa	2 666.44	3 999.66	5 332.88	6 666.1	7 999.32	9 332.54	10 665.76	11 998.98
温度/℃	11.0	21.9	25.5	32.1	34.5	39.2	42.1	46.8
压力/Pa	13 332.2	26 664.4	39 996.6	53 328.8	66 661	79 993.2	101 324.72	
温度/℃	46	63	74.1	82	88.4	94	101.0	

(二)溴化法则定甲基丙烯酸甲酯的纯度

1.实验目的:分析甲基丙烯酸甲酯的纯度,掌握含碳碳双键化合物定量测定的一般方法——溴化法。

2.实验原理:溴化法是含碳碳双键化合物定量测定常用的化学方法,此种方法的原理是测定加成到双键上的溴量,其反应如下:

$$\underset{\underset{CH_2=C-COOH}{|}}{CH_3} + Br_2 \longrightarrow \underset{\underset{CH_2-C-COOH}{|\;\;\;\;|}}{\overset{CH_3}{\underset{Br\;\;Br}{}}}$$

习惯上常用"溴值"表示加成到双键上的溴量,所谓"溴值"是指加成到 100 g 被测定物质上所用溴的克数。将实测溴值与理论溴值比较,即可求出该不饱和化合物的纯度。

145

溴化法是在被测定的试样中加入溴液或能产生溴的物质——溴化试剂。常用的溴化试剂为溴-四氯化碳溶液、溴-乙醇溶液和溴化钾-溴酸钾溶液。前者是强烈的溴化剂,在溴加成的同时,也常伴随发生取代反应,尤其是带侧链的不饱和化合物,更容易发生取代反应。而后者是在酸性介质中进行氧化还原反应生成溴。这种溴化试剂可以大大降低取代反应发生,常用于易发生取代反应的不饱和化合物。溴与双键加成。过量的溴使碘化钾析出碘。然后用硫代硫酸钠溶液滴定碘,从而间接求出样品的溴值和纯度。

3. 实验步骤:用自制的小玻璃泡准确称量 0.180 0~0.200 0 g 甲基丙烯酸甲酯试样[①],放入磨口锥形瓶中,加入 10 mL 37% 醋酸做溶剂。用玻璃棒小心地将玻璃泡压碎,用少量蒸馏水冲洗玻璃棒。用移液管准确吸取 50 mL 0.1 mol·L^{-1} KBr-KBrO$_3$ 溶液[②],注入锥形瓶中。迅速加入 5 mL 浓盐酸,盖紧瓶塞,摇匀后,避开直射日光放置 20 min,其间应不断摇动,然后加入固体 KI 1 g,摇动使之溶解后,在暗处放置 5 min,用 0.05 mol·L^{-1} Na$_2$S$_2$O$_2$ 标准溶液滴定。当溶液呈浅黄色时,加入 2 mL 1% 淀粉溶液,继续滴定至蓝色消失。记录读数。重复以上试验两次。并同时做空白试验两次。

4. 数据处理:

$$溴值 = \frac{(A-B) \times M \times 7.991\,6}{m} \tag{2-1}$$

$$纯度 = \frac{(A-B) \times M \times 7.991\,6}{m} \times 100\% \tag{2-2}$$

式中,A 为空白试验中消耗的 Na$_2$S$_2$O$_3$ 溶液的体积,mL;B 为滴定样品时,消耗的 Na$_2$S$_2$O$_3$ 溶液的体积,mL;M 为 Na$_2$S$_2$O$_3$ 溶液的浓度,mol·L^{-1};m 为样品的质量,g。

5. 思考题:

(1)用化学反应方程式表示出溴化法分析甲基丙烯酸甲酯的原理。

---

① 测定挥发性很高的液体样品,需采用玻璃小泡称量取样,因为这类液体即使在磨口玻璃塞瓶中称量,也会遭到严重损失。同时有些液体放出腐蚀性的蒸气或气体易损伤天平的精度。

试样吸入步骤:将准确称量好的玻璃小泡(小泡直径 10 mm 左右),在小火焰中微微加热,借膨胀作用赶出泡中一些空气,迅速将小泡的支管(毛细管)的尖端插入试样的液面以下。利用小泡中空气收缩把试样吸入小泡内,再小心地用小火将支管封口,注意勿使试样受热分解。准确称量吸入试样小泡的质量,计算出试样的质量。

② 0.1 mol·L^{-1} KBr-KBrO$_3$ 溶液的配制:称取 17.5 g KBr 和 2.784 g KBrO$_3$ 用蒸馏水溶解至 1 L 备用,存放在避光处。

（2）试计算甲基丙烯酸甲酯的理论溴值，并推导测定溴值时的计算公式。

（3）在实验中影响准确度的主要因素是那些？为什么？

（4）在测定样品的溴值时，为什么先要避光放 20 min，而加入 KI 后又要放置于暗处？

二、苯乙烯的精制和纯度分析

苯乙烯为无色或淡黄色透明液体，其沸点为 145.20℃，密度 $D^{20}=0.906\ 0$，折光率 $n_D^{20}=1.554\ 69$。

取 150 mL 苯乙烯于分液漏斗中，用 5％氢氧化钠溶液反复洗至无色（每次用量 30 mL）。再用蒸馏水洗涤到水层呈中性为止。用无水硫酸镁干燥。干燥后的苯乙烯在 250 mL 克氏蒸馏瓶中进行减压蒸馏。收集 44℃～45℃/2 666.44 Pa（20 mmHg）或 58℃～59℃/5 332.88 Pa（40 mmHg）的馏分，测量折光率。

苯乙烯的沸点和压力的关系如下：

压力/Pa	666.61	1 333.22	2 666.44	3 999.66	5 332.88	6 666.1
温度/℃	17.9	30.7	44.6	53.3	59.8	65.1
压力/Pa	7 999.32	9 332.54	10 665.76	11 998.98	13 332.2	26 664.4
温度/℃	69.5	73.3	76.5	79.7	82.4	101.7
压力/Pa	3 996.6	53 328.8	66 661	7 993.2	101 324.72	
温度/℃	113.0	123.0	130.5	136.9	145.2	

苯乙烯纯度分析，可采用①溴化法（详见甲基丙烯酸甲酯纯度分析）。②气相色谱分析等（请参看有关资料）。

三、醋酸乙烯的精制和纯度分析

（一）醋酸乙烯的精制

1. 实验目的：了解单体精制的目的，了解醋酸乙烯中各种杂质对其聚合度的影响。掌握醋酸乙烯单体的提纯方法。

醋酸乙烯是无色透明的液体。沸点为 72.5℃；冰点为 −100℃；密度，$D_4^{20}=0.934\ 2$；折光率 $n_D^{20}=1.395\ 6$。在水中溶解度（20℃）为 2.5％，可与醇混溶。

目前我国工业生产的醋酸乙烯采用乙炔气相法。在此法生产过程中，副产品种类很多。其中对醋酸乙烯聚合影响较大的物质有：乙醛、巴豆醛（丁烯醛）、乙烯基乙炔、二乙烯基乙炔等。

我们在实验室中使用的醋酸乙烯，为了贮存的目的，在单体中还加入了 0.01％～0.03％对苯二酚阻聚剂，以防止单体自聚。此外，在单体中还含有少量酸、水分和其他杂质等。因此在进行聚合反应之前,必须对单体进行提纯。

2.实验步骤:把 20 mL 的醋酸乙烯放在 500 mL 分液漏斗中,用饱和亚硫酸氢钠溶液洗涤三次,每次用量 50 mL,然后用蒸馏水洗涤三次。再用饱和碳酸钠溶液洗涤三次,每次用量 50 mL。然后用蒸馏水洗涤三次,最后将醋酸乙烯放入干燥的 500 mL 磨口锥形瓶中,用无水硫酸镁干燥、静置过夜。

将干燥的醋酸乙烯,在装有唯氏分馏柱的精馏装置上进行精馏。为了防止暴沸和自聚,在蒸馏瓶中加入几粒沸石及少量对苯二酚阻聚剂。开始加热分馏,并收集 71.8℃~72.5℃ 之间的馏分,测其折光率。

3.思考题:

(1)在聚合前醋酸乙烯为什么要进行精制?各种杂质对聚合反应有什么影响?

(2)用饱和亚硫酸氢钠和饱和碳酸钠洗涤单体的目的何在?

(3)为什么无水硫酸镁可以作为醋酸乙烯的干燥剂?其干燥的原理如何?

(4)分馏原理是什么?醋酸乙烯的分馏目的是什么?

(二)纯度分析

1.溴化方法(详见 MMA 纯度分析)。

2.气相色谱法等。

四、丙烯腈的精制和纯度分析

(一)丙烯腈的精制

丙烯腈为无色透明液体。其沸点为 77.3℃;密度为 $D^{20}=0.806\,0$;折光率 $n_D^{20}=1.391\,1$。在水中的溶解度(20℃)为 7.5%。

吸取 200 mL 工业丙烯腈放于 500 mL 蒸馏瓶中进行普通蒸馏,收集 73℃~78℃馏分,测其折光率。

注意:丙烯腈有剧毒,操作最好在通风橱中进行,操作过程中要仔细,绝对不能进入口中,或接触皮肤。仪器装置要严密,毒气应排出室外,残渣要用大量水冲洗掉!

(二)纯度分析

1.化学分析法。

(1)2,3-二巯基丙醇法。

丙烯腈与 2,3[CD_2]二巯基丙醇在碱性催化剂存在下,进行定量的加成反应,过量的 2,3-二巯基丙醇在酸性介质中与碘定量反应,以此确定丙烯腈的含量。此法简单,误差小,对于低浓度较为接近真实值。

$$2CH_2\!=\!CH\!-\!CN + \begin{matrix} CH_2\!-\!CH\!-\!CH_2OH \\ \;|\quad\;\; | \\ SH\quad SH \end{matrix} \xrightarrow{OH^-} \begin{matrix} S\!-\!CH_2\!-\!CH_2\!-\!CN \\ | \\ CH_2\!-\!CH\!-\!CH_2\!-\!OH \\ | \\ S\!-\!CH_2\!-\!CH_2\!-\!CN \end{matrix}$$

$$\begin{matrix} CH_2\!-\!CH\!-\!CH_2OH \\ \;|\quad\;\; | \\ SH\quad SH \end{matrix} + I_2 \xrightarrow{H^+} \begin{matrix} CH_2\!-\!CH\!-\!CH_2OH \\ \;|\quad\;\;\; | \\ S\!-\!-\!-\!-\!S \end{matrix}$$

1) 药品：

0.2 mol·L^{-1} 2,3-二巯基丙醇溶液 20 mL(约为 24.9 g)；

2,3-二巯基丙醇溶液溶于 2 L 乙醇中，摇匀避光放置一日；

0.5 mol·L^{-1} NaOH 溶液，20 g NaOH 溶于 1 L 蒸馏水中；

0.5 mol·L^{-1} KOHC$_2$H$_5$OH 溶液，28 g KOH 溶于 1 L 乙醇中；

6 mol·L^{-1} 盐酸，12 mol·L^{-1} 盐酸 500 mL 用水稀释至 1 L。

2) 分析步骤：

准确吸取 2,3-二巯基丙醇-乙醇溶液 20 mL，置于 100 mL 碘量瓶中。并准确吸取一定量样品[1]，加入 2～3 滴酚酞指示剂，用 0.5 mol·L^{-1} NaOH 溶液或 0.5 mol·L^{-1} KOH-C$_2$H$_5$OH 溶液中和至微红色。再过量 10 mL，充分摇动使其反应完全，用 6 mol·L^{-1} HCl 2 mL 酸化摇匀[2]，用 0.1 mol·L^{-1} 标准碘溶液滴定至淡黄色[3]，摇半分钟不褪色即为终点。

同时作一空白实验。记录滴定样品与空白试验消耗的碘液体积。

$$丙烯腈 = \frac{(V_1 - V_2) \times M \times 0.053\,06}{m} \times 100\% \tag{2-4}$$

式中，V_1 为空白试验消耗的碘液的体积，mL；V_2 为滴定样品时消耗的碘液的体积，mL；M 为标准碘液的浓度，mol·L^{-1}；0.053 06 为丙烯腈的毫摩尔质量；m 为样品质量，g。

3) 配制：

用少量水溶解 25 g KI。在不断搅拌下加入 13 g 碘(化学纯)待全部溶解后，移入 1 L 容量瓶中，用水稀释至刻度，过滤贮于棕色瓶中，过夜，待标定。

4) 标定：

用移液管吸取 25 mL 碘液三份，分别加入 50 mL 蒸馏水和 1∶1 HCl 5 mL

---

① 样品含量＞40％时，用 0.25 mL 注射器称取 0.1～0.2 g 样品。样品含量＜40％时，用 0.1 mL 或 0.2 mL 移液管取样。

② HCl 不宜过多，否则碘液易被分解，使结果偏低。

③ 0.1％摩尔液度标准碘液的配制和标定。

用 $0.05\%M\%$ 标准 $Na_2S_2O_3$ 溶液滴定至微黄色后,加入 0.5% 淀粉溶液 $2\ mL$,继续以 $Na_2S_2O_3$ 滴定蓝色刚好消失为止。

$$M_{I_2} = \frac{V \times M}{V_{I_2}} \tag{2-5}$$

式中,V 为滴定时消耗的 $Na_2S_2O_3$ 溶液的体积,mL;V_{I_2} 为标准碘溶液的体积,mL;M 为 $Na_2S_2O_3$ 溶液的浓度,$mol \cdot L^{-1}$;M_{I_2} 为碘液的浓度,$mol \cdot L^{-1}$。

2. 亚硫酸钠法。

丙烯腈与亚硫酸钠在水溶液中起加成反应,并生成定量的 $NaOH$,用标准盐酸滴定,以茜素黄-麝香草酚酞做指示剂,溶液滴定至由紫色变为无色为终点。同时作一空白试验。

$$CH_2{=}CH{-}CN + Na_2SO_3 \longrightarrow \underset{\underset{SO_3Na}{|}}{CH_2{-}CH{-}CN} + NaOH$$

$$NaOH + HCl \longrightarrow NaCl + H_2O$$

此法简便,误差小,适用于高浓度丙烯腈的测定。

1)药品:

$1\ mol \cdot L^{-1}\ Na_2SO_3$ 溶液:称取 $252\ g$ 结晶的 Na_2SO_3 或 $126\ g$ 无水 Na_2SO_3,用蒸馏水溶解后移入 $1\ L$ 容量瓶中,用水稀释至刻度。

茜素黄-麝香草酚酞混合指示剂:称取 $0.1\ g$ 茜素黄及 $0.2\ g$ 麝香草酚酞溶于 $100\ mL$ 乙醇中,即可使用。颜色变化 pH 为 0.2。变化十分敏锐,当溶液由碱性转为酸性时,颜色由紫色变为淡黄色。

$0.5\ mol \cdot L^{-1}$ 标准盐酸溶液。

2)分析步骤:

于 $250\ mL$ 碘瓶中加入 $1\ mol \cdot L^{-1}\ Na_2S_2O_3$ 溶液 $25\ mL$,准确加入一定量样品(根据样品浓度决定),具塞瓶用蒸馏水封好瓶塞,摇动静置 $15\ min$,使反应完全,加入茜素黄-麝香草酚酞混合指示剂 5 滴,用 $0.5\ mol \cdot L^{-1}$ 标准盐酸溶液滴定到紫色消失为止。同时做空白试验。

$$丙烯腈 = \frac{(V_1 - V_2) \times M \times 0.053\ 06}{m} \times 100\% \tag{2-6}$$

式中,V_1 为空白滴定时消耗的标准盐酸溶液的体积,mL;V_2 为滴定样品时消耗的标准盐酸溶液的体积,mL;M 为标准盐酸溶液的浓度,$mol \cdot L^{-1}$;m 为样品质量,g;$0.053\ 06$ 为丙烯腈的毫摩尔质量。

附录三　聚合物的精制

溶解沉淀法是一种精制高聚物的最古老的也是应用最广泛的方法。具体作法是将高聚物溶解于溶剂中,然后加入对聚合物不溶而和溶剂能混溶的沉淀剂,以使聚合物再沉淀出来。

聚合物溶液的浓度、混合速度、混合方法、沉淀时的温度等对于所分离出的聚合物的外观影响很大。如果聚合物溶液浓度过高,则溶剂和沉淀剂的混合性较差,沉淀物成为橡胶状。而浓度过低时,聚合物又成为微细粉状,分离困难。为此,需选择适当的聚合物浓度。同时,沉淀过程中还应注意搅拌方式和速度。在沉淀中,沉淀剂一般用量为溶液的 $5 \sim 10$ 倍。聚合物中残留的溶剂和沉淀剂可以用真空干燥法除去,但需要时间较长。

下面简单介绍几种高聚物的精制法。

(一)聚苯乙烯(PS)的精制

PS 的溶剂很多,如苯、甲苯、丁酮、氯仿等。而沉淀剂常用甲醇或乙醇。

将 PS 3 g,溶于 200 mL 甲苯中,离心分离除去不溶性杂质。在玻璃棒的搅拌下,慢慢将聚合物溶液滴加至 1 升甲醇中,聚苯乙烯为粉末状沉淀。放置过夜,倾出上层清液,用熔结玻璃砂漏斗过滤,吸干甲醇,于室温 $133 \sim 399$ Pa 真空下干燥 24 h。

(二)聚甲基丙烯酸甲酯(PMMA)的精制

PMMA 采用的溶剂-沉淀剂组合为:苯-甲醇;氯仿-石油醚;甲苯-二硫化碳;丙酮-甲醇;氯仿-乙醚。甲基丙烯酸甲酯溶液或本体聚合的产物,常常直接注入甲醇中,使聚合物沉淀出来。或者先把聚合物配成 2% 的苯溶液,再加到大大过量的甲醇中,使其再沉淀,将沉淀物在 10℃ 下真空干燥,再溶解沉淀,反复操作两次,以除去全部杂质。

(三)聚乙酸乙烯(PVAc)的精制

PVAc 的软化点低,黏性大,又对引发剂(或者分解后生成物)及溶剂的溶解度很大,所以杂质很难除去。在提纯醋酸乙烯时,常用丙酮或甲醇的聚合物溶液,加到大量水中沉淀,苯的聚合物溶液加到乙醚或甲醇溶液,加到二硫化碳或环己烷中沉淀等等。

对于溶液聚合物,当转化率不大时(50%以下),可以在加入阻聚剂丙酮溶液之后,倒入石油醚中,更换二次石油醚以后,放入沸水中煮,当转化率更高时,则可以直接放在冷水中浸泡一天,然后在沸水中煮,或者用丙酮溶解,将其溶液加到水中沉淀。另外,也可采用在反应毕,将聚合物用冰冷却,然后减压抽去单体及溶剂,残余物再溶解,进行沉淀处理。

附录四　常用引发剂的精制

一、过氧化苯甲酰(BPO)的精制

过氧化苯甲酰的提纯常采用重结晶法。通常以氯仿为溶剂,以甲醇为沉淀剂进行精制。过氧化苯甲酰只能在室温下溶于氯仿中,不能加热,因为容易引起爆炸。

其纯化步骤为:在 1 000 mL 烧杯中加入 50 g 过氧化苯甲酰和 200 mL 氯仿,不断搅拌使之溶解、过滤,其滤液直接滴入 500 mL 甲醇中,将会出现白色的针状结晶(即 BPO)。然后,将带有白色针状结晶的甲醇再过滤,再用冰冷的甲醇洗净抽干,待甲醇挥发后,称量。根据得到的重量,按以上比例加入氯仿,使其溶解,加入甲醇,使其沉淀,这样反复再结晶两次后,将沉淀(BPO)置于真空干燥箱中干燥(不能加热,因为容易引起爆炸)。称量。熔点为 170℃(分解)。产品放在棕色瓶中,保存于干燥器中。

附表 2　过氧化苯甲酰的溶解度(20℃)

溶剂	石油醚	甲醇	乙醇	甲苯	丙酮	苯	氯仿
溶解度	0.5	1.0	1.5	11.0	14.6	16.4	31.6

二、偶氮二异丁腈(ABIN)的精制

偶氮二异丁腈是广泛应用的引发剂,作为它的提纯溶剂主要是低级醇,尤其是乙醇。也有用乙醇-水混合物、甲醇、乙醚、甲苯、石油醚等作溶剂进行精制的报道。它的分析方法是测定生成的氮气,其熔点为 102℃～130℃(分解)。

ABIN 的精制步骤如下:

在装有回流冷凝管的 150 mL 锥形瓶中,加入 50 mL,95％的乙醇,于水浴上加热至接近沸腾,迅速加入 5 g 偶氮二异丁腈,摇荡,使其全部溶解(煮沸时间长,分解严重)。热溶液迅速抽滤(过滤所用漏斗及吸滤瓶必须预热)。滤液冷却后得白色结晶,用布氏漏斗过滤后,结晶置于真空干燥箱中干燥,称量。其熔点为 102℃(分解),熔点的测定请参阅有机化学实验。

三、过硫酸钾和过硫酸铵的精制

在过硫酸盐中主要杂质是硫酸氢钾(或硫酸氢铵)和硫酸钾(或硫酸铵),可

用少量水反复结晶进行精制。将过硫酸盐在 40℃ 水中溶解并过滤,滤液用冰水冷却,过滤出结晶,并以冰冷的水洗涤,用 $BaCl_2$ 溶液检验滤液无 SO_4^{2-} 为止。将白色柱状及板状结晶体置于真空干燥箱中干燥,在纯净干燥状态下,过硫酸钾能保持很久,但有湿气时,则逐渐分解出氧气。

过硫酸钾和过硫酸铵可以用碘量法测定其纯度。

参考文献

1. 潘祖仁. 高分子化学. 北京:化学工业出版社,2007
2. 梁晖,卢江. 高分子化学实验. 北京:化学工业出版社,2004
3. 何曼君. 高分子物理. 上海:复旦大学出版社,2004
4. 魏无际,俞强,崔益华. 高分子化学与物理基础. 北京:化学工业出版社,2005
5. 刘长维. 高分子材料与工程实验. 北京:化学工业出版社,2003
6. 赵德仁,张慰盛. 高分子合成工艺学. 北京:化学工业出版社,1997